含章
图鉴系列

阅读图文之美 / 优享快乐生活

猫图鉴

刘锐　主编

江苏凤凰科学技术出版社 · 南京

图书在版编目（CIP）数据

猫图鉴 / 刘锐主编. — 南京 : 江苏凤凰科学技术
出版社, 2017.4（2022.5 重印）
（含章·图鉴系列）
ISBN 978-7-5537-5363-8

Ⅰ. ①猫… Ⅱ. ①刘… Ⅲ. ①猫－驯养－图集②猫－
鉴赏－图集 Ⅳ. ①S829.3-64

中国版本图书馆CIP数据核字(2015)第222593号

含章·图鉴系列

猫图鉴

主　　　　编	刘　锐	
责 任 编 辑	汤景清　祝　萍	
责 任 校 对	仲　敏	
责 任 监 制	方　晨	

出 版 发 行	江苏凤凰科学技术出版社
出版社地址	南京市湖南路 1 号 A 楼，邮编：210009
出版社网址	http://www.pspress.cn
印　　　刷	天津丰富彩艺印刷有限公司

开　　　本	880 mm × 1 230 mm　1/32
印　　　张	8
插　　　页	1
字　　　数	300 000
版　　　次	2017年4月第1版
印　　　次	2022年5月第4次印刷

标 准 书 号	ISBN 978-7-5537-5363-8
定　　　价	45.00元

图书如有印装质量问题，可随时向我社印务部调换。

前言

关于猫的祖先有两种说法：一种认为其祖先是生活在中新世（约始于 2300 万年前，终于 533 万年前）的剑齿虎，这种虎堪称猫科动物之最，它的马刀状犬齿可长达 35 ~ 45 厘米；另一种则认为其祖先是生活在 4000 万 ~ 5000 万年前的古猫兽，它们生活在树上。

人们熟悉的家猫大约在 1 万年前就开始与人类接触了，不过它们完全被人类驯服则是在大约 5000 年前。据考察发现，最早开始有猫的地区是西亚和北非，最早开始养猫并奉猫为女神的是古埃及，欧洲是在十字军东征后，才把猫带回当地并逐渐繁育起来的。

无论是驯养还是野生的，猫这种动物的的确确已经吸引了人类数千年。不过，在这漫长的时间里，人类与这些动物的关系曾经发生过翻天覆地的变化。人们曾经把它们当作神明一样崇拜，作为猎手一样重视，也曾经把它们视为恶魔一样杀戮。然而不论如何，它们最终生存了下来，并至今仍然为大多数人所迷恋。它们常常被视为甜美、优雅、性感、神秘和力量的象征，也成为诸多艺术家和作家特别喜爱的主题。

本书的宗旨是为饲养纯种猫提供方法指导，为鉴别猫的品种提供指南，希望可以帮助读者迅速成为合格的养猫达人和鉴别品种的高手。书中精心筛选了 36 个品种 179 种纯种猫，详细介绍了每种猫的原产国、祖先、起源时间、外貌特征、寿命、性格和饲养技巧等方面的内容。每个品种统一使用中文学名，方便读者认识、查找。

本书是一本具有指导作用的图鉴类书籍，书中为每只猫配有多角度的高清晰彩色图片，细致描绘的各部位特征，以图鉴的形式展现，方便读者辨认。部分品种的猫，其幼猫与成猫在外观上有非常大的差异，本书对这些品种的幼猫外形进行了细致的特征描述，并配上了幼猫和成猫的对比图片，为读者提供直观的参考。

此外，本书对每种猫的饲养、繁育都给出了详细的建议，为读者饲养不同品种的猫提供了专业性的指导。让读者可以轻轻松松养出健康、漂亮的纯种猫。在本书的编写过程中，我们得到了一些专家的鼎力支持，在此表示感谢！由于编者水平和时间有限，书中难免存在一些不足，欢迎广大读者批评指正。

阅读导航

本书根据猫的原产国所属的大洲将内容分为 3 个部分：欧洲猫、亚洲猫和北美洲猫。全书共精心筛选了 179 种纯种猫，详细介绍了每种猫的起源、特征、寿命、性格和饲养技巧等方面的内容，可以帮助读者全面地了解猫。

品种名称 ——————

英国短毛猫

介绍品种或品种族群的历史和发展 ——————

英国短毛猫的祖先们可以说"战功赫赫"，早在 2000 多年前的古罗马帝国时期，它们就曾跟随凯撒大帝到处征战。在战争中，它们靠着超强的捕鼠能力，保护罗马大军的粮草不被老鼠偷吃，充分保障了军需后方的稳定。从此，这些猫在人们心中得到了很高的地位。该品种体形短胖，但是非常英俊可爱，纯色猫的需求量总是很大。

■ 原产国：英国　　　　品种：英国短毛猫
　祖先：非纯种短毛猫　　起源时间：20 世纪 80 年代

品种族群中按颜色和（或）图案分成不同的颜色品种 ——————

该品种猫的外貌特征及其历史和发展 ——————

该品种猫的饲养技巧及繁育中的注意事项 ——————

详细的图注说明品种特征，部分幼猫与成猫区别较大的品种配有幼猫图片 ——————

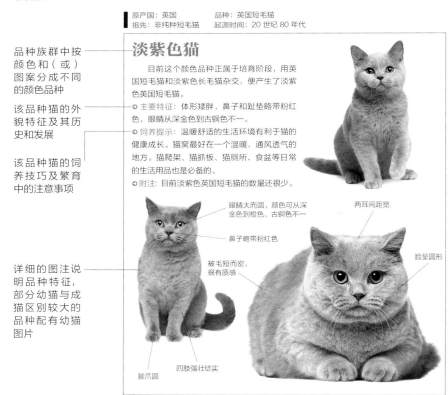

淡紫色猫

目前这个颜色品种正属于培育阶段，用英国短毛猫和淡紫色长毛猫杂交，便产生了淡紫色英国短毛猫。

◎ 主要特征：体形矮胖，鼻子和趾垫略带粉红色，眼睛从深金色到古铜色不一。
◎ 饲养提示：温暖舒适的生活环境有利于猫的健康成长。猫窝最好在一个温暖、通风透气的地方。猫爬架、猫抓板、猫厕所、食盆等日常的生活用品也是必备的。
◎ 附注：目前淡紫色英国短毛猫的数量还很少。

眼睛大而圆，颜色可从深金色到橙色、古铜色不一

鼻子略带粉红色

被毛短而密，很有质感

两耳间距宽

脸呈圆形

脚爪圆

四肢强壮结实

| 长毛异种：淡紫色波斯长毛猫 | 寿命：17 ~ 20 岁 | 个性：和平而友善 |

84 猫图鉴

最早培育或最早发
现此品种的国家

原产国：英国　　　品种：英国短毛猫
祖先：非纯种短毛猫　起源时间：20 世纪 80 年代

该品种族群最早
发源的时间

巧克力色猫

这种颜色品种的猫虽不常见，但是因
为颜色迷人，非常受人们的喜爱。

○ 主要特征：身躯的颜色为鲜艳的朱古
力色，没有杂毛，具有英国短毛猫的外形，
如有任何哈瓦那猫的体形将会被看成是严重
的缺陷。

○ 饲养提示：对于英国短毛猫来说，清洗远
远比梳理重要得多，因为它们的被毛密实又柔
软，灰尘和细菌很容易藏在那里。

○ 附注：英国短毛猫心理素质良好，能适应各
种生活环境，温柔易满足，感情丰富。

标示猫具体特征
的主要图片

耳尖呈圆形

下巴与鼻子和上
唇成一条直线

鼻子较短

从不同角度拍摄
的图片

脸呈圆形

脖子粗短

四肢粗，强壮有力

| 长毛异种：巧克力色波斯长毛猫 | 寿命：17 ~ 20 岁 | 个性：和平而友善 |

该品种猫的基本
性格，当然，性
格也会随猫的生
长环境和经历稍
有不同

介绍具有相似外
形和颜色的异种

介绍该品种的寿命

目录

第一章　欧洲猫

黑白猫

蓝乳黄色白色猫

蓝色猫

玳瑁色鱼骨状虎斑白色猫

德文卷毛猫

土耳其安哥拉

第二章 亚洲猫

第三章 北美洲猫

缅因猫

银白色标准虎斑猫

黑色猫

你了解猫吗

猫科动物

　　猫科动物是一种古老的生物，数据显示它们最早出现在渐新世（约始于 3400 万年前，终于 2300 万年前）。它们的分布非常广泛，除南极洲以外，世界各地都可以看到它们的身影。猫科动物是食肉目的 9 个科中肉食性最强的哺乳动物，它们多是高超的猎手，其中大型成员往往是各地的顶级食肉动物。猫科动物善于隐蔽，多用伏击的方式进行捕猎，这是因为

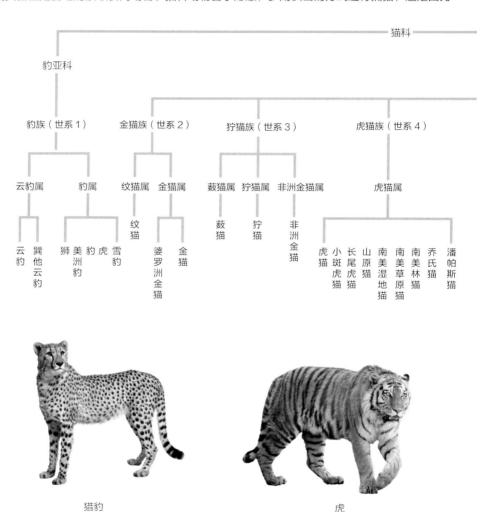

猎豹　　　　　　　　　　　　　　　　　　　　　　虎

它们身上多有花斑，可以与环境融为一体。但也正是因为这些美丽的斑纹，它们曾遭到人类的捕杀，加上栖息地被破坏等原因，猫科动物的生存曾受到严重威胁。好在如今保护动物、维护生态平衡的观念越来越深入人心，因此它们的生存环境得到了很大的保护和改善。关于猫科动物的分类，目前仍有许多争议，基因研究对猫科动物的分类提出了比较精确的八个世系的分类法。

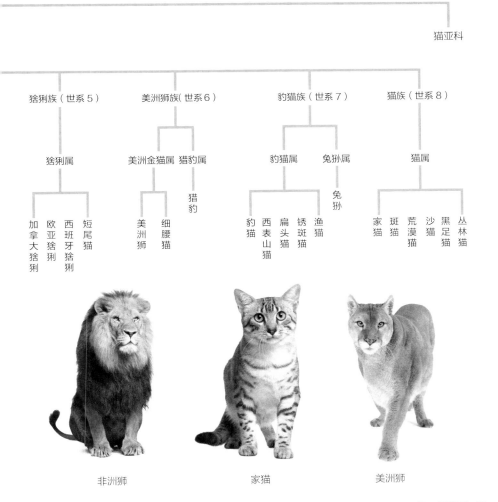

非洲狮　　　　　　家猫　　　　　　美洲狮

猫的定义

　　我们通常所说的家猫，不管是什么品种，不管它们的外貌差异有多明显，人们总能在第一时间就判断出这是一只猫。究其原因，抛开体态、头形、被毛长度等这些具体形态差异，所有的家猫都还具有一些共性，不仅仅是指骨骼结构、身体器官分布上的共性，还包括性格特征、生活习性上的共性。爱运动、擅捕猎、优雅、孤傲、任性、贪睡几乎是所有家猫的共性。让我们从这张图开始，一起来重新认识一下猫。

耳：除折耳猫以外，多数猫的耳朵是向上直立的。当猫愤怒或者受到惊吓时，耳朵会贴向后方

饰毛：一般猫耳内都有饰毛。有些会长的非常茂密，如波斯长毛猫

鼻子：无毛区，包括鼻孔。鼻子的颜色一般和被毛颜色相协调

颈：不同的品种，粗细长短都有不同，影响猫的外观

大腿：大腿肌肉提供推力，使猫能跳跃

头：头形是重要的鉴别特征，比如暹罗猫为楔形头，而英国短毛猫的头呈圆形

眼睛：形状和颜色不一，但夜视能力都很强

胡须：是猫感觉系统的重要部位，可借此来判断道路的宽窄

胸：深度和宽广度因品种而异

脚：脚掌在攀爬和抓取猎物时十分重要，大小和形状因品种而异

尾巴：尾巴的形状多样，大小、长短不一，在平衡和调整反射方面有重要作用

后脚掌：通常有四趾

前脚掌：通常有五趾，短趾不碰触地面

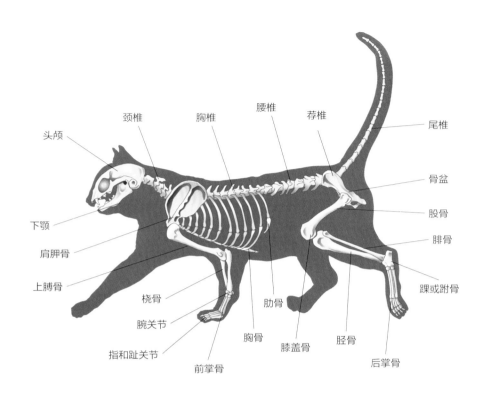

头颅

颈椎　　　胸椎　　　　腰椎　　　荐椎　　　　　尾椎

下颚

肩胛骨

上膊骨

桡骨

腕关节

指和趾关节

前掌骨

胸骨

肋骨

膝盖骨

胫骨

后掌骨

骨盆

股骨

腓骨

踝或跗骨

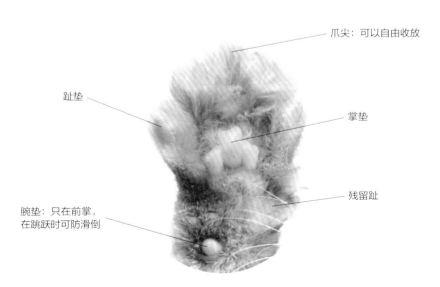

爪尖：可以自由收放

趾垫

掌垫

残留趾

腕垫：只在前掌，
在跳跃时可防滑倒

猫的习性和感官

　　我们日常所见到的猫，基本都是已经完全被人类驯化过的家猫。它们完全适应了家居生活，习惯了与人同住，更安于由主人喂养。不过，虽然说它们作为野猫时的绝大部分行为特征都已经退化了，但是有些本能和习性它们至今仍然保持着。

⊙ 打盹

　　猫的一天中有 14 ～ 20 个小时是在睡眠中度过，不过其中只有 4 ～ 5 个小时是真睡。我们不难发现，只要稍有声响，猫的耳朵就会动，有人走近的话，它会腾地一下就起来。这就是猫作为狩猎动物，为了能敏锐地感觉到外界的一切动静，睡眠会很浅的本性。

英国短毛猫

虎斑猫

⊙ 捕猎

　　猫擅于隐蔽，警觉性强，动作迅速敏捷，是天生的捕猎高手。即使是家猫，当它们看到会飘、会移动的东西时，也往往会情不自禁地扑上去。许多鸟类和哺乳类小动物都逃不过猫爪。

⊙ 捕捉

　　虽然有与生俱来的捕猎才能，但是在猫的幼年时期，它们还是需要观看自己的妈妈和其他成年猫的捕猎方法，然后再不断练习以提高本领。绝大部分小猫都喜欢主人对它们进行追踪和捕捉技巧的训练。

英国虎斑猫

⊙ 攀爬

　　猫是极其敏捷的攀爬高手，攀爬过程中它们往往是腿爪并用，而尾巴则起到一定的平衡作用。幼猫需要反复练习才能学会这项本领。

虎斑猫

苏格兰折耳猫

◔ 平衡

　　猫靠耳内的半规管来维持平衡,从高处坠落时,其身体会扭转,使脚先着地。尾巴在平衡身体中的作用也不可忽视。

苏格兰折耳猫

◔ 爱干净

　　猫舌头上的丝状乳头数量很多,表面被一层很硬的角质层膜覆盖着,尖端向后,呈锉齿状。猫每天都会花时间仔细地梳理自己的毛发,这种梳理主要是用舌头舔的方式来舔除被毛上的污垢和脱落的毛发。

玳瑁虎斑猫

◔ 任性、孤傲

　　猫总是有些我行我素,喜欢单独行动,不像狗一样会听从主人的命令,集体行动。它们从不将主人视为君主而对其唯命是从,有时候任你怎么叫它,它都会当没听见。

美国短毛猫

◔ 撒娇、优雅

　　猫有任性、孤傲的一面,也有优雅、爱撒娇的一面,这正是它们独特的魅力所在。你不知道它们什么时候会爬上你的膝头,或者跳到摊开的报纸上坐着,尽显娇态。

俄罗斯蓝猫

气味记号

没有阉割的公猫会在家内外喷洒气味刺鼻的尿液，以划出领地。当它们在物体和人身上抓挠、磨蹭时，也是为了用气味来标明领地。

暹罗猫

三色猫

初识、交友

猫和猫初次见面时会显得很谨慎，有些甚至会表现出好斗性。但是，一同长大的小猫会成为非常亲密的伙伴，它们大部分时间会一起度过，形影不离。

苏格兰折耳猫

美国短毛猫

哺乳、离群

一般母猫都是非常尽职尽责的母亲，它们不允许人类靠近自己的幼崽。当小猫离群太远的时候，母猫就会用嘴巴把它们叼回来。幼猫在大约 3 周大时可以开始自己进食，最好到 3 个月大时再完全不吃母乳。

英国长毛猫

黑色猫

夜视

猫眼睛内视网膜后有一层可以反射光线的细胞，使猫的眼睛能在黑暗中发光；另外它们可以迅速地调节自己的瞳孔，使瞳孔变得很大，将极微弱的光线收集到瞳孔内，保证在黑暗中看清东西。

猫的毛型

从毛型开始，本书会详细地向你介绍鉴别纯种猫和非纯种猫的四个关键点，即猫被毛的毛型、毛色、图案以及猫的脸形。你可以通过本书详尽的文字介绍和所附的大量图片迅速成为一名鉴别猫品种的高手，让我们一起开始吧。

毛型是猫的独立特征，与颜色无关，而是取决于底层被毛、芒毛和护毛的结合。如图，一般猫的被毛由三种毛发组成：长而粗的护毛，较细但厚实的芒毛，柔软的、绒毛般的底层被毛。当然，有些猫并不是三种毛发都有，比如柯尼斯卷毛猫，它们就没有护毛，所以它们的被毛非常柔软。

芒毛
略长、较细、针状，和柔软的底层被毛共同构成二层毛。

底层被毛
短而柔软，一般非常细密，具有很好的保暖作用。

护毛
也称初层毛，构成被毛上最长最显眼的部分。

长毛猫

长毛猫是一种家猫，以毛长、软、平滑著称。颈部多毛，形如皱领；尾短多毛，毛软、纤细。毛色多样，单色有白、黑、蓝、红及奶油色等；而带花纹的有烟色、虎斑色、灰鼠皮色、龟板色、蓝奶油色等。长毛猫是相对短毛猫而言的，一般毛长在 10 厘米以上的猫方有此称谓，而且身价不菲。

波斯长毛猫
在所有的家猫中，这个品种的猫被毛最长、最密。

缅因猫
底层绒毛茂密，外层护毛长度并不一致，光滑有层次。背部和腿部的被毛长而浓密，尾部的则像羽毛一样散开，被毛的整体外观上显得非常蓬松。

◎ 半长毛猫

　　不同品种的长毛猫，被毛长度和浓密度会有所差别；同一只猫，不同的季节，被毛长度、浓密度也会不一样。一般来说，被毛浓密主要是因为底层毛。波斯长毛猫长长的护毛从厚密的底层被毛中伸出，形成了外观上又长又密、非常厚重的被毛。而缅因猫的外观上就会显得被毛非常蓬松，这是它们的护毛长度不一、分布错落有致造成的。

土耳其安哥拉猫

　　没有底层被毛，整体外观上被毛紧贴身体。

◎ 短毛猫

　　同为短毛猫，被毛外观和质地也会有非常大的差异。例如暹罗猫和东方短毛猫的被毛细腻，质地光滑而柔软；而俄罗斯蓝猫则是明显的双层被毛，它们的底层被毛短而厚，护毛只是略长一点，外观上被毛直立、短而厚、不贴身体。

东方短毛猫

　　被毛细腻、质地光滑而柔软。

俄罗斯蓝猫

　　有着明显的双层被毛，底层被毛短而厚，护毛只是略长一点，所以被毛的手感柔软而光滑。整体外观上被毛直立、短而厚、不贴身体。

英国短毛猫

被毛直立，短而密，不贴身体。被毛过长或过少会被看作缺陷。它的被毛质地较脆，手感并不柔软，整体外观如地毯一般。

○ **卷毛猫**

国际上的分类惯例中，卷毛猫是归入短毛猫中的。它们的被毛一般短而细，卷曲且柔软，外观上呈波浪状，手感上则是柔软光滑的。

柯尼斯卷毛猫

它们没有护毛，所以被毛非常柔软。

德文卷毛猫

三种毛发都有，但护毛和芒毛类似于底层被毛，外观呈波浪状。德文卷毛猫的被毛更为卷曲，但触感上要粗糙一些。

○ **无毛猫**

虽然名字为无毛猫，实际上它们并不是真正的无毛，只不过它们的毛发是一些稀疏的、短短的绒毛，比普通猫的要短得多。一般以身体末端的毛发分布最为明显。

加拿大无毛猫

被毛短而稀疏，为一层短短的绒毛，以身体末端的毛发分布最为明显。

你了解猫吗 21

猫的毛色

猫毛发的真正色彩是由毛发上的色素构成的，但是它们也会受光和空气湿度的影响。一般来说，光的作用会使猫的毛发颜色变淡，显得比平常颜色要浅一些。潮湿的空气也会影响毛色，比如会使黑色变得偏棕色。同一种颜色也会发生自然的变异，所以同一窝猫仔中，有的毛发颜色会比较深，而有的则比较浅。

◎ 单色

毛色应自毛尖至毛根为单一色，大部分的单一色已经在育猫界获得了公认。不过，色素的重新排列也会使毛色变淡，这也是单色种类增多的原因所在。在单色猫的单根毛发上不应有任何虎斑色条纹。

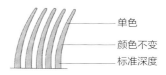

— 单色
— 颜色不变
— 标准深度

白色

白色单色猫被毛上没有色素，但这些猫并不是白化种。双亲中如有一个是白色，就有可能出现白色猫仔。

黑色

许多猫中都会有这个颜色，颜色比较纯，不应有铁锈色或者巧克力色出现。

红色

最初被称为橘色，事实上，培育者想要培育出的是红色。现在的红色单色猫颜色已经越来越纯正。

黄棕色

黄棕色是一种新颜色，由黑色基因突变而成。

◎ 淡化色

顾名思义，这些颜色是一部分相应的浓色淡化出来的结果。在淡化色中，有些地方的色素会比另一些地方少，这种颜色反射出白光，给人一种颜色较淡的视觉感受。

淡紫色

这是巧克力色的淡化色，指的是一种略带粉红色的浅灰色。这种颜色的深度标准也常会发生变化，所以有些猫的颜色会比另一些猫的要浅。

蓝色

这是黑色的淡化色，比较接近灰色，而不是纯蓝色。不同品种的这个颜色的猫，毛色深度也会有所不同。

⊙ 毛尖色

猫护毛和芒毛上的毛尖色的长度，对被毛的整体外观有着重要的影响。毛尖色是指被毛几乎是纯色，只有护毛和芒毛的毛尖上有些许颜色。

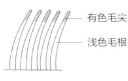

— 有色毛尖
— 浅色毛根

鼠灰色金吉拉猫

银色中最浅的一种，它们的毛尖略带黑色。

黑毛尖色英国短毛猫

底层毛色为白色，毛尖黑色。

⊙ 渐层色

护毛毛尖上的色素进一步向毛根延伸，但是毛根仍为白色，看上去颜色明显较深。猫走动的时候，可以看见其较浅的底层被毛。扒开体毛查看，这种对比会更明显。

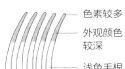

— 色素较多
— 外观颜色较深
— 浅色毛根

银色渐层波斯长毛猫

毛尖的黑色应占整根毛长度的 1/3 左右。

奶油渐层色凯米尔猫

底层毛色为白色，毛尖为乳黄色。

⊙ 深灰色

毛尖色、渐层色、深灰色，这三种颜色都是单根被毛上只有上半部分有颜色，而毛根没有颜色。它们的区别在于单根毛上有颜色部分的长短，毛尖色为最短，深灰色最长。

— 颜色较深
单根毛上大部分都有颜色
— 浅色毛根

暗蓝灰色波斯长毛猫

外观接近单色猫，猫在走动时才能看见其较浅的底层被毛。

暗灰黑色猫

颜色深度不一，颜色越深的越受欢迎。

⊙ 斑纹毛色

也称分裂色，指单根毛发上的颜色分裂成条纹状。这种毛色为猫的隐蔽提供了很好的条件。这种毛色的典型代表是索马里猫和阿比西尼亚猫。

— 毛尖有颜色
— 各种色素形成条纹
— 浅色条纹

阿比西尼亚猫

斑纹毛色会形成深浅不一且清晰的色泽。

深红色索马里猫

深棕红色毛发上有朱古力色斑纹。

猫的被毛图案

很多品种的猫被毛图案仍显示出来自祖先的虎斑斑纹。但是，众所周知，所有的特征由基因形成，随着基因学的发展，现在培育者对猫被毛图案的改良已经有了更广阔的发展空间。他们谨慎地选择种猫，经过连续几代的选择性育种，已经逐渐可以按照自己的要求来改变猫的被毛图案了。

○ 双色猫

非纯种猫中的双色猫很普遍，但培育者却很难培育出标准花色的双色展示猫。最初只允许白色和红色、蓝色或乳黄色结合，但现在白色与任何纯色的结合都受到承认。

○ 玳瑁色猫

玳瑁色是指黑色和红色均匀地交织，分布全身，并有乳白色或红色面斑。由于基因的影响，绝大部分玳瑁色猫都是母猫，公猫一般没有生育能力。

○ 玳瑁色白色猫

也称为"印花白猫""花斑猫""三花猫"，被毛上有三种颜色：黑色、各种深浅的红色和白色斑块。

○ 蓝乳白色猫

也称浅玳瑁色猫，被毛中蓝色取代了黑色，乳色取代了红色。在不同的国家有不同的颜色构成标准，有些人喜欢两种颜色均匀交织，而有些人希望它们是块状的结合。

○ 梵猫

指的是有色毛区只出现在尾巴和头部的猫。以土耳其猫命名，不过其他品种也有。

重点色猫

指的是猫的脸、耳朵、腿部、脚部和尾部的颜色较深，其他部位颜色较浅。重点色上的颜色会受体温、被毛长度和气候的影响。一般要求眼睛颜色为蓝色。

标准虎斑猫

也称为墨渍虎斑猫，特征是每侧肋腹部有大块的黑色牡蛎状毛块，肩部斑纹呈蝴蝶状，尾巴上会有多道环纹。

补片虎斑猫

属于玳瑁色虎斑猫，兼有玳瑁色和虎斑色的特点。

鱼骨状虎斑白色猫

指的是沿着猫的脊柱中心处有完整的深色细条纹，另有黑色的条纹沿身体垂直而下，各条纹之间的颜色区是斑纹毛色的毛发。

斑点猫

指的是身体上的虎斑斑纹断裂成为清晰的椭圆形、圆形或玫瑰花形的斑点，并延伸至尾部。

猫的脸形

　　本部分内容详细列出了不同脸形的猫的脸部图片，你可以对照以下图片来判断你的猫属于什么脸形。需要说明的是，猫的脸形主要分为三大类，即圆脸、楔形脸和介于两者之间的中间脸形。一般脸形和体形无关，无论是长毛猫还是短毛猫，都有这三种脸形。不过总体来说，圆脸的猫身形通常比较矮胖，而楔形脸的猫体形通常特别苗条。脸形的特征对性别的区分没有特别的意义。未阉割的公猫可能会有更发达的下颌作为第二性征，或者可能有颈垂肉，从而显得脸部更胖更大。

长毛猫

圆脸

　　头部又大又圆，头骨结实，头顶宽。耳小，两耳间距较宽，耳位较低。猫的双颊圆而饱满。鼻部一般比较宽、短，鼻梁凹陷。

波斯长毛猫

金吉拉猫

虎斑波斯猫

重点色长毛猫

玳瑁色伯曼猫

伯曼猫

美国卷耳猫

虎斑美国卷耳猫

中间脸形

　　头部中等长度，比例协调，侧看呈直线或稍有凹陷。耳朵较圆脸猫的耳朵要大一些，间距稍宽，高高地直立在头上。

布偶猫

缅因猫

虎斑缅因猫

挪威森林猫

双色挪威森林猫

索马里猫

土耳其梵猫

土耳其安哥拉猫

西伯利亚猫

楔形脸

　　脸部呈三角形，颧骨较高，鼻长且直，侧看时脸形突出。耳大且尖，比圆脸猫和中间脸形猫的耳间距都要窄。

巴厘猫

短毛猫

圆脸

　　脸部圆润，双颊饱满，头顶宽，侧看时前额略呈圆形。鼻短、直、较宽。耳朵小，两耳间距较宽。

美国短毛猫

英国短毛猫

虎斑英国短毛猫

重点色英国短毛猫

欧洲短毛猫

虎斑欧洲短毛猫

异国短毛猫

虎斑异国短毛猫

孟加拉猫

塞尔凯克卷毛猫

苏格兰折耳猫

沙特尔猫

中间脸形

　　头部比例适中，头顶略宽，并逐渐变成稍呈圆形的三角形。耳朵中等偏大，耳根较宽。鼻梁略有凹陷。

俄罗斯蓝猫

孟买猫

奥西猫

阿比西尼亚猫

克拉特猫

拉波猫

玳瑁色拉波猫

缅甸猫

曼赤肯猫

楔形脸

　　脸形细长,鼻口部明显变窄,侧看时脸呈直线形,长相比较优雅。鼻长而无凹陷,耳大且尖,耳根宽。

加拿大无毛猫

东方短毛猫

哈瓦那猫

埃及猫

暹罗猫

虎斑暹罗猫

柯尼斯卷毛猫

德文卷毛猫

彼得秃猫

你适合养猫吗

你的时间

虎斑猫

　　虽说猫是一种很独立的宠物，但是它们还没有独立到可以自己做饭和收拾厕所的地步，它们仍然需要你花费时间和精力去照顾与陪伴。所以，如果你是一个人住，工作又很繁忙，总是要忙到半夜才拖着疲惫的身体回家。那么，养猫给你带来的负担一定会比乐趣更加突出。而对于你的猫来说，也会是一件非常痛苦的事。因此，如果你没有足够的空余时间和精力，还是建议你暂时先放下养猫的冲动。

你的性格

　　猫是一种优雅、孤傲的动物，它们有自己的个性，不会像狗那样听主人的话，也不会不停地向主人示好。它们很任性：高兴了，它们会爬上你的膝头向你撒个娇；不高兴的时候，尤其是当它们在打盹时，你想抱它们一下，它们会马上在小脸上写出一百个不乐意。当然，不仅仅是脸上不乐意，大部分的猫还会一脚蹬开你，然后一溜烟就跑掉了。不仅如此，在养猫之前你还要做好这样的心理准备：它们很可能会抓坏你的家具，弄乱你的卧室，因为大部分的猫都是贪玩和好动的。总而言之，你要对它们有足够的耐心和爱心。

白色虎斑猫

你的家人

如果你是和家人或朋友一起住，那么很幸运，能有更多的人帮助你照顾猫，他们可以和你一起分享养猫的乐趣。不过，所有这些都建立在你的家人或朋友完全赞同与接纳这个小家伙的前提之下。所以，在你把一只小猫抱回家之前，需要先和家人或朋友做好沟通，确保他们能够在心理上和生理上都接受这个新成员的加入。因为，确实有些人是不喜欢、甚至害怕猫的，而有些人还会对猫毛过敏。任何不经过沟通就鲁莽而固执地将小猫私自带回家的行为，都不会是一个好的选择。

你的经济条件

养猫，在给你带来精神享受的同时，也会带来一笔不小的经济负担。你的花费大致包括两方面：一是买猫，猫的价格会因其血统、性别、年龄和身体特点（性格、毛色等）而存在差异；二是养猫，从猫进门那天起，它的饮食起居就都需要你来安排照顾了。具体费用包括猫粮、零食、玩具、如厕用品和洗护用品等几类。

波斯猫

银棕色猫

你会养猫吗

如何挑选猫

首先，你要确定想养纯种猫还是非纯种猫。纯种猫是经过谨慎选择培育而成的，培育时，培育者都尽可能地使猫的外形符合在品种标准中规定的认可"外形"，所以纯种猫相互之间非常相似。而非纯种猫由于没有固定的血统，就整体外貌来说，会各不相同。当然，如果你只是想要一只健康迷人的宠物猫，那么无论是纯种猫还是非纯种猫，它们都完全能够满足你。

1. 决定养公猫还是母猫

大部分品种中，公猫在成年后体形会比母猫略大。如果你选择了公猫，又不想留作种猫，就要进行阉割，这样可以防止它离家出走，也可以减少它因打斗而受伤的危险。如果你选择了母猫，又不想让它怀孕，那就需要在猫 6 个月大的时候给它做结扎手术。

2. 观察幼猫

做选择之前，你需要花几分钟时间认真观察。机警、有趣、好奇心强、看上去乐于让人靠近的小猫，长大后往往会更健康、可爱。

3. 检查耳朵、眼睛和嘴巴

耳朵应该是干净的，没有耳屎。第三眼睑，即瞬膜不应长过眼睛，也不应有任何分泌物。掰开下颚，看看口内。对于年龄较大的猫来说，这一点很重要，因为它们可能会有断牙、牙龈疾病或蛀牙等毛病。

4. 检查被毛

分开被毛，仔细检查猫身上有没有跳蚤、跳蚤的卵或其他寄生虫。如果有的话，最好不要选择。

5. 检查肛门

这一点很重要，抬起猫的尾巴查看，肛门区不应有污迹，从而确认没有腹泻现象。

6. 最后选定

买猫前后，最好安排兽医进行一次健康检查，还应从猫之前的主人那里拿到幼猫已经接种过的疫苗手册。如果你买的是纯种猫，还应索要猫的纯种证明书。

如何养护猫

⊙ 猫窝选择

猫窝就是猫睡觉的地方，大体上分两种，屋形的和盆形的。大部分猫睡觉时喜欢有顶的屋形窝，无顶的盆形窝大多用于平时躺下休息。宠物店专卖的屋形猫窝外形类似人们用的旅行帐篷，整体呈锥形，所以开门处也会有一定的倾斜角度。因为猫是很机警的动物，这样的猫窝可以起到开阔视野的作用，帮助猫消除局促紧张和没有安全感的情绪。家里有条件的最好两种窝各买一个，这样会使猫感到舒适放松，保持心情愉快。如不愿意购买专门的猫窝，也可以用废纸箱子挖个门改装一下即可。

⊙ 饮食餐具

猫饮食餐具包括食盆和水盆。通常猫对自己的餐具非常敏感，所以它的餐具最好不要更换。有的猫在换了食盆的情况下会发生拒食或消化不良，尤其是老年猫，突然更换餐具会使它感到非常紧张，影响它的健康。所以要在一开始就选好坚固耐用，并且足够容量的餐具。给猫选餐具时要根据猫的品种，尖脸的猫喜欢碗口小而深的（如暹罗猫、美国短毛猫等）；圆脸的猫喜欢大口的碗（如英国短毛猫、金吉拉猫等）；平脸的猫最好用盘子（如波斯猫、异国短毛猫等），因为它大而扁平的脸无法吃到小口碗里的食物，用盘子会让它感觉舒适，也可以防止吞咽进过多的空气造成胃胀，影响健康。大碗装的水会弄湿波斯猫下巴和脸颊上的毛。

⊙ 喂养食物

猫对食物是十分挑剔的，所以选猫粮是件很头痛的事。市面上五花八门的猫粮大致可分为罐头肉类、半混粮和干粮三种。虽然给猫喂猫粮是最安全、科学并且快捷方便的办法，但猫粮只应作猫食的一部分，因为最理想的猫食，是应该每周添加一至两次新鲜的猫食，如肉类和鱼类等，因为这些食物含有高蛋白质，能够为猫提供热能及氨基酸，对猫的发育相当重要，但为了防止猫沾上弓形虫病，所有肉类必须要煮熟，并把它切成细块以方便猫咀嚼，至于鱼类方面，主人应小心地把鱼骨、鱼刺剔出来，以防猫吞鱼骨而遭刺伤。幼猫的饮食要特别照顾。

◑ 训练排便

　　猫是相当爱干净的动物，它是不会随地大小便的。猫主要是通过嗅觉来确定方便的位置的，所以它第一次在哪里方便，下一次还会去那，因为那里有那种味道，它就把那当厕所。你可以训练它到卫生间排便，如果家猫已经找了一个不合适的位置大小便，只要立即打扫卫生，去除此地味道，再用消毒水喷一下就可以防止猫再次到此地排便。其实最简单的办法是准备一个盆和猫砂，猫对这个无师自通，排便后还会扒土盖上，不过需要及时打扫、清理。

◑ 绝育手术

　　手术前要为猫剪去指甲，以避免手术后猫抓包扎伤口的纱布以及伤口。手术前还要给猫提前补充营养，因为手术后猫可能会因疼痛而拒绝进食，没有营养不利于猫恢复健康，术前8小时禁食，4小时禁水。手术中要注意麻醉和止痛。手术后不要强迫猫进食，并避免猫做剧烈运动比如跳跃，以免伤口开裂，可以关在笼子里静养。要注意冬季保暖，给它加个用毛巾裹着的热水袋，夏季防暑，在装猫的笼子上盖湿毛巾。此外，要及时关注猫体温变化、排便情况，如果出现伤口发炎感染，或者过度疼痛，要及时送往医院救治。

◑ 生病护理

　　①寄生虫，3个月龄的猫可以驱虫，每年2次。普通光谱驱虫药即可。猫易患绦虫病，平时少吃生的肉食、鱼类。②骨折，如果猫瘸着腿，走不了路时，主人很难判断到底是撞伤，骨折，还是脱臼，所以最好别让猫乱动，带它去医院检查。③出血，首先确定伤口的位置，把伤口周围的毛剃掉，清除伤口。出血不多时，用自来水或3%的双氧水清洗伤口，然后用绷带包好，出血量大时除了简单包扎，应及时送往医院救治。

◑ 定期防疫

　　目前，国内动物医院和诊所常给猫注射的疫苗有进口的猫三联疫苗和国产猫瘟热疫苗。需要注意的是，只有健康的猫才能接种疫苗和皮下注射。正常接种疫苗，应每年1次，不能认为猫不出户，就不接种，或接种2~3次疫苗后认为安全了，以后不接种也行，这会给病毒的传播提供机会，因为，猫的主人是要接触外界的，可能是传染媒介之一。接种疫苗后1周内最好先不洗澡，以防过冷过热引发感冒影响免疫效果，或者针眼被污染后引起感染。个别免疫力差的猫，注射疫苗后自身也不能产生足够的抗体，应予注意。

如何参加猫展

首先需要说明的一点是，人们对于猫展一直有一个误解，常常认为只有纯种猫才能参加猫展。事实上并非如此，现在越来越多的猫展上都有非纯种猫和普通家庭宠物猫的参加。

◎ 展前准备

首先，你需要正确填写好参展申请表，申请表连同参展费用需要在截止日期前一起寄回。在参展前最好检查猫的接种是否已经过期，尤其是不经常的参展者。有关设备的规定要视不同的猫展而定，如果有疑问，一定要事先询问清楚。在展出前，务必仔细梳理你的猫，确保它能展示出最佳外貌。这里需要说明的一点是，好的展示猫应乐意接受陌生人，

不会表现出排斥情绪甚至是大发脾气。所以，你应该在猫的成长过程中，随时抚摸它，陪它玩耍，使它乐于并习惯和人类接触。

其次，你应在展前较长的一段时间里有意识地锻炼你的猫，使它习惯乘坐汽车或者其他的交通工具，你要保证它能乖乖地待在猫笼中。前期的锻炼和适应可以很大程度上减少长途旅行中可能出现的情绪或生理上的不适。最好在出发的前一天就准备好行李和参展要用的所有设备。

最后需要说明的是，如果猫怀孕了，是不能参加展示的；如果猫在参展前看上去身体状况不佳，要立刻带它去看兽医，尽管可能会因此退出展示场。

◎ 梳理爱猫

对爱猫的梳理，不要等到参展时才进行，主人应在平时就做好猫的梳理、清洁工作。尽管猫生性都爱干净，它们会自己用粗糙的舌面舔去身上的污垢和脱落的毛发，但这些还不够。主人对猫梳理、清洁的参与，可以大大减少猫身上出现跳蚤、虱子等寄生虫的概率。同时，这样也可以很大程度上防止猫将毛发吃进胃里，尤其是在脱毛期。猫在自己梳理的过程中吃进胃里的毛发会在胃中形成毛球，长此以往会严重影响猫的食欲和健康，对长毛猫来说尤其如此。

双齿金属梳

除脱毛用的刮刷

普通鬃梳

指甲剪

金属梳

宽齿梳

1. 梳理脱落的毛发

长毛猫的毛发长而密，脱落的毛发如不及时清理容易打结，选用除脱毛用的刮刷能非常方便地清理出猫脱落的毛发。

2. 修整毛发

对于打结影响外貌的毛发可以适当修剪，最好请专业的宠物美发师来完成。

3. 扑粉梳理

用鬃刷梳理被毛使其蓬松，然后扑粉。猫展当天猫身上不能有粉的残留痕迹。

4. 脸部梳理

用小号刷子或牙刷梳理猫脸部的毛发，小心不要太靠近猫的眼睛。

◐ 梳理短毛猫工具

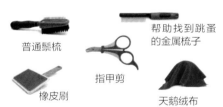

普通鬃梳

帮助找到跳蚤的金属梳子

橡皮刷

指甲剪

天鹅绒布

1. 洗澡

梳理前可以先为爱猫洗个澡。对于猫的脸部清洁，要用脱脂棉和淡盐水轻轻地在猫的耳、鼻、眼周围进行擦洗。擦洗过程中注意不要弄疼猫。

2. 剪猫爪

要选用专用的兽医剪，以防剪裂猫爪。在剪猫爪之前的一段日子里，主人要经常有意识地握握猫爪，并轻轻按捏，这样可以使猫习惯主人的这个动作，在剪爪的过程中它们会更配合。

3. 梳理

橡皮刷很适合梳理短毛猫，尤其是适合卷毛猫，鬃梳也可以。在梳理过程中动作要轻缓，不用太过用力，以免刷掉猫的底层被毛。梳理完之后，可以用天鹅绒布摩擦猫毛以上光。

◎ 猫展过程

不同国家的猫展规模和标准会有所不同。在英国，猫展的规模不一，有小型的猫展，也有全国性的。在美国，猫主人可以在多个注册机构登记，以参加更多的猫展。CFA是目前世界最大的纯种猫注册组织，每年会在世界各地举办400多次猫展，参展猫的品种达30多种。CFA猫展除了注册猫的组别外，也设有家猫组。以下是大多数猫展中要注意的事项。

1. 由于猫展中会有多只猫待在一个屋子里，所以只有健康的猫才能参展，所有的猫一到展示会便要进行体检。

2. 在评审前，多留些时间让猫在猫笼或在展示笼中安顿下来，笼中应放有干净的猫砂、水、碗和毯子等。主人这时要检查好笼子标示的号码，它和猫身上号码牌的数字一定是相同的。

3. 主人这时还可以对自己的猫进行最后的梳理，比如检查一下猫的眼睛、耳朵、鼻子、肛门和尾巴上是否有灰尘或分泌物等，确保猫的外貌在最佳状态。

4. 猫将被带到评审桌上，裁判会依照品种的得分标准进行评分。评审的评语和猫获得的名次会呈现在记分牌上。

◎ 优胜者

参赛猫获胜后便可拥有一定的地位和身价。CFA猫展分四个组别进行比赛：幼猫组，4～8个月大的幼猫；成猫组，8个月或以上的未绝育成猫；绝育猫组，8个月或以上的绝育成猫；在成猫组及绝育猫组中，猫会被再分为公开组、冠军组和超级冠军组三组进行比赛。

第一章
欧洲猫

欧洲猫是指原产国位于欧洲的猫。
本章所选猫的品种有波斯长毛猫，
如白色猫；英国短毛猫，如蓝色猫；
欧洲短毛猫，如玳瑁色白色猫；
挪威森林猫，如棕色虎斑白色猫；
德文卷毛猫，如海豹色重点色猫；
东方短毛猫，如哈瓦那猫等。

波斯长毛猫

　　波斯长毛猫举止优雅，相貌迷人，华丽高贵，有"猫中王子""王妃"之称。其叫声纤细柔美，少动好静，从维多利亚时代开始便受到人们的欢迎，而维多利亚女王养过这种猫，更确立了其知名度。后来经过培育繁殖，其颜色、品种越来越多，但与早期相比，它们的外貌发生了一些变化，脸更扁、更圆，耳朵更小，被毛更加茂密。

原产国：英国	品种：波斯长毛猫
祖先：安哥拉猫 × 波斯猫	起源时间：19 世纪 80 年代

白色猫

　　在欧美地区，最早的波斯长毛猫为白色。白色猫的眼睛颜色不一，通常是蓝眼、橙眼和鸳鸯眼。不幸的是，它们的蓝眼常和耳聋有关，至今这种缺陷还无法消除。

◑ 主要特征：被毛纯白色，长而厚密，体形颇大，侧看呈明显矮胖状。幼猫头上偶尔会有少许深色斑纹，但会逐渐消失。

◑ 饲养提示：波斯长毛猫的肠管天生比一般猫短，所以更容易患上腹泻等疾病。建议吃专门的波斯长毛猫猫粮。

◑ 附注：波斯长毛猫每窝产仔 2 ～ 3 只，幼仔刚出生时毛短，6 周后长毛才开始长出，经两次换毛后才能长出长毛。

头部又圆又大，头盖骨甚宽阔，两颊丰满

粉红色鼻子

耳朵细小，尖端呈圆形，向前倾斜，双耳间距阔，位于头部偏低位置，耳朵有饰毛

眼睛大且圆，眼色亮泽，双眼间距宽阔

短毛异种：白色异国种猫	寿命：13 ～ 20 岁	个性：温顺、安静

乳黄色猫

　　该品种猫由玳瑁色猫和红色虎斑色猫交配而成，但是它们繁殖的后代绝大部分是公猫。

◎ 主要特征：矮脚马形、健壮滚圆的躯干，大或中等身形，胸部又阔又深，肩部与臀中间部分丰满，背部平直，富肌肉感，但不会过分肥胖。

◎ 饲养提示：猫对食盘的变换很敏感，有时会因换了食盘而拒食。要保持食盘的清洁，食盘底下可垫上报纸或塑料纸等，防止食盘滑动时的声响，而且也易于清扫。

◎ 附注：乳黄色波斯猫底层毛中应无白色，幼猫的虎斑斑纹会逐渐消失。

眼睛大而圆，古铜色

耳朵尖而小，呈圆弧形

头圆而宽，脸颊丰满，鼻子短

幼猫

被毛浓密，有光泽。颜色是淡乳黄色到中等乳黄色，深浅相同

躯干健壮，矮脚马形，尾短

短毛异种：乳黄色异国种猫	寿命：13 ~ 20 岁	个性：温顺

巧克力色猫

　　由哈瓦那猫和蓝色长毛猫杂交产生，这个品种首次出现在 1961 年。

◉ **主要特征**：被毛颜色为稍深的巧克力色，颜色纯正，以被毛富有光泽、身体上没有任何斑纹的为佳。

◉ **饲养提示**：猫"开饭"的生物钟一旦形成，就比较固定，不应随意变更。放猫食的地方也要固定。

◉ **附注**：最初用哈瓦那种猫培育出来的猫是细长脸、大耳朵，后来经过选择性培育逐渐消除掉了这些缺陷。

7 个月大的幼猫

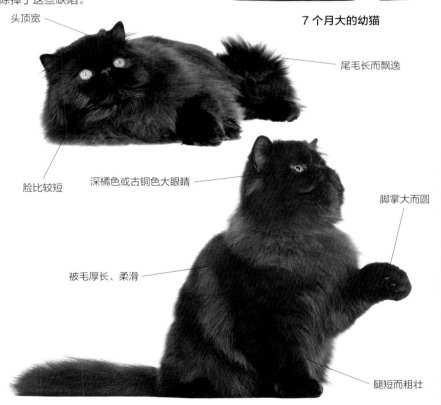

头顶宽

尾毛长而飘逸

脸比较短

深橘色或古铜色大眼睛

脚掌大而圆

被毛厚长、柔滑

腿短而粗壮

短毛异种：巧克力色异国种猫	寿命：13 ～ 20 岁	个性：温顺

原产国：英国　　　　品种：波斯长毛猫
祖先：安哥拉猫 × 波斯猫　　起源时间：19 世纪 80 年代

乳黄色白色猫

　　育种专家最初培育双色猫的目的是想得到像荷兰兔一样的猫，带有清晰的白色或带色环纹。实践证明这是不可能的。

◎ 主要特征：乳黄色被毛的深度应是较浅或中等深度的乳黄色，白毛区占被毛的 1/3 ~ 1/2。

◎ 饲养提示：强光、喧闹、有陌生人在场或有其他动物干扰等均可影响猫的食欲。

◎ 附注：在猫的世界中，双色猫算得上是历史悠久的，但在早期它并不受欢迎。

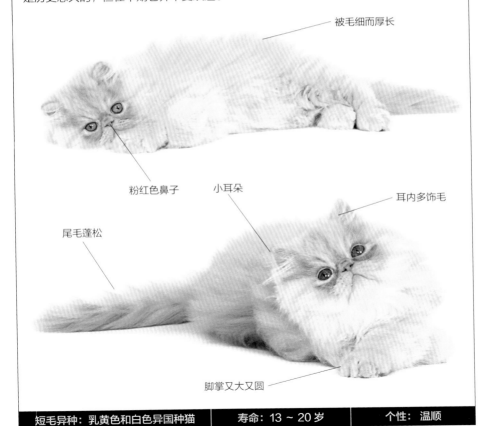

被毛细而厚长

粉红色鼻子　　　小耳朵

耳内多饰毛

尾毛蓬松

脚掌又大又圆

短毛异种：乳黄色和白色异国种猫	寿命：13 ~ 20 岁	个性：温顺

红白猫

波斯猫大约 16 世纪经法国传入英国，18 世纪被带到意大利，19 世纪由欧洲传到美国。红白猫为后期培育的品种，其培育非常艰难，因为红毛区出现任何虎斑斑纹都会被看成是缺陷。

◎ 主要特征：红毛区的毛色应是鲜艳的深红色，白毛区是纯白色而非米色，外貌和其他的波斯猫没有区别。

◎ 饲养提示：为猫转换食物，整个过程需 5 ~ 7 天，新旧食物的分量比例为 1：4，过两天后变为 2：3，逐渐全部转换，让猫的肠胃逐渐习惯改变，这样才不会出现肠胃不适及呕吐等状况。

◎ 附注：1971 年之前，这个品种的被毛图案要求必须对称，现在已经不这样要求了，因为这一点在培育中极难做到。

耳朵小，耳内多饰毛

脚掌大而圆

头顶较平

身体重心低

| 短毛异种：红白异国种猫 | 寿命：13 ~ 20 岁 | 个性：温顺 |

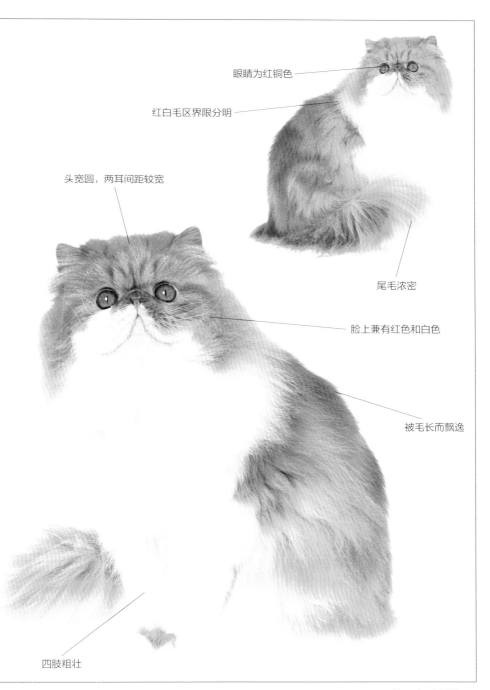

眼睛为红铜色

红白毛区界限分明

头宽圆，两耳间距较宽

尾毛浓密

脸上兼有红色和白色

被毛长而飘逸

四肢粗壮

原产国：英国　　　　　品种：波斯长毛猫
祖先：安哥拉猫 × 波斯猫　　起源时间：19 世纪 80 年代

淡紫色白色猫

　　最初，猫展上只允许黑色、蓝色、红色和乳黄色等传统色与白色组成双色。直到 1971 年，规则有了更改，淡紫色白色猫也可以参展。

◐ **主要特征：** 淡紫色是指带有粉红色的浅灰色，颜色为暖色调，要求色泽均匀。紫色毛区与白毛区界限清晰，尾巴上可以有些白色出现。

◐ **饲养提示：** 每次猫吃剩的食物要及时倒掉，或者可以收起来，待下次喂食时和新鲜食物混合在一起煮熟喂给猫。

◐ **附注：** 淡紫色白色猫是在培育出淡紫色猫后，让它们和白色波斯长毛猫交配而培育出来的。

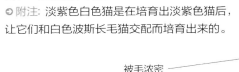

被毛浓密

眼睛大而圆

胸部宽

尾巴上有淡紫色斑块

短毛异种：丁香色白色异国种猫	寿命：13 ~ 20 岁	个性：温顺

原产国：英国　　　　品种：波斯长毛猫
祖先：安哥拉猫 × 波斯猫　　起源时间：19 世纪 80 年代

黑白猫

　　这个品种培育出来的时间较早，也称作"黑白花"。

◎ 主要特征：脸上有白色斑纹，幼猫被毛有铁锈色，颈周围有白领圈毛，外形和其他波斯长毛猫没有区别。

◎ 饲养提示：黑白猫既安静又热情，性情柔和，温文尔雅，非常适合公寓生活，但它的毛长且细，毛量又非常多，很容易缠结在一起，白色毛区也非常容易脏。如果想要爱猫保持漂亮整洁的外观，你需要定期为其梳理毛发和洗澡。

◎ 附注：和其他双色猫一样，斑纹图案对称的猫为佳品。

耳朵非常小，耳内多饰毛

耳端浑圆

头部宽圆

眼睛为深橘色或者古铜色

鼻梁比较扁平

10 周大的幼猫

短毛异种：黑白异国种猫	寿命：13 ~ 20 岁	个性：温顺

黑色猫

在世界范围内，波斯长毛猫都非常
受欢迎，而其中的黑色猫因为其独特、
显眼的被毛颜色更是备受人们喜爱。

○ 主要特征：最重要的是被毛的色彩，
应无渐变色、斑纹或白色杂毛。幼猫可
能带有灰色或铁锈色，但在约 8 个月大
时应渐渐消失。

○ 饲养提示：猫的饮用水必须是清水，而
且每天都要换水。饮水盆可放在食盘一侧，
以便猫口渴时自由饮用。

○ 附注：完全黑色的波斯长毛猫很稀少，
潮湿的空气容易使它的毛色变成棕黄色，
强烈的阳光也会使黑色毛发褪色。

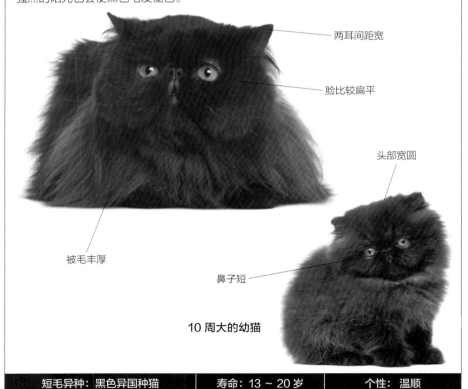

两耳间距宽

脸比较扁平

头部宽圆

被毛丰厚

鼻子短

10 周大的幼猫

短毛异种：黑色异国种猫	寿命：13 ～ 20 岁	个性：温顺

原产国：英国　　　　　品种：波斯长毛猫
祖先：安哥拉猫 × 波斯猫　　起源时间：19 世纪 80 年代

蓝乳黄色猫

　　体格健壮，外表高贵，历来深受世界各地
爱猫人士的宠爱。

◎ 主要特征：全身毛色为蓝色与乳黄色均匀、
柔和地混杂在一起的颜色，有轻微的阴影色为
首选。

◎ 饲养提示：猫喜吃甜食或有鱼腥味
的食物，而且食物不宜太咸或太淡。

◎ 附注：在不同的国家对颜色构成
有不同的标准。英国的标准是两种颜
色均匀的结合；而在北美地区，人们喜欢蓝
色和乳黄色呈块状的结合。

3 个月大的幼猫

耳朵小，耳尖呈圆弧状

眼睛为红铜色或者深橘色

耳内多饰毛

脸颊鼓起

8 个月大的幼猫

被毛浓密

躯干矮胖

短毛异种：蓝乳黄色异国种猫	寿命：13 ~ 20 岁	个性：温顺

蓝色猫

　　最早是由黑色长毛猫和白色长毛猫交配而成，后来经过选择性育种，逐渐消除了被毛上的白色斑纹。

◎ 主要特征：幼猫通常带有虎斑，颇为奇特的是，斑纹最明显的幼猫反倒会长成最好的成猫。

◎ 饲养提示：不要选择凉食和冷食，否则不但影响猫的食欲，还易引起消化功能紊乱。一般情况下，食物的温度以 30 ~ 40℃为宜，从冰箱内取出的食物，需要加热后才能喂猫。

◎ 附注：其长相很有异国风情，据说维多利亚女王也养过这种猫，因此确立了其知名度。

耳内多饰毛

两耳间距宽

四肢短而粗壮

脚掌圆而大

| 短毛异种：蓝色异国种猫 | 寿命：13 ~ 20 岁 | 个性：温顺 |

暗蓝灰色玳瑁色猫

　　最初可能很难把这个颜色的小猫与蓝乳黄色小猫区分开来，因为它们所特有的浅色底层被毛要到 3 周大时才变得明显。

○ **主要特征：** 毛尖颜色为蓝色，有轮廓分明的乳黄色斑块。底层被毛越白越好，不过颜色深度并不是非常重要。

○ **饲养提示：** 主人要注意给猫喂食合适硬度的食物，并适量补充钙、铁、维生素及其他微量元素。

○ **附注：** 鼻子可能是粉红色或蓝色，也可能是这两种颜色的混合色。

被毛长而蓬松

深橘色眼睛

下颚发达

头宽而圆

爪大而圆

被毛中的乳黄色斑块

淡紫色虎斑猫

　　初见于 19 世纪猫展，是波斯长毛猫中的新品种。

◔ **主要特征**：底色为带虎斑的米色，纹路颜色为比底色更深的淡紫色，与底色形成鲜明的对比。

◔ **饲养提示**：给猫配种的时间最好安排在晚上，以保证有较高的成功率。

◔ **附注**：与符合猫展标准的虎斑纹短毛猫相比，培育出斑纹如此清晰可见的波斯长毛猫品种非常困难。

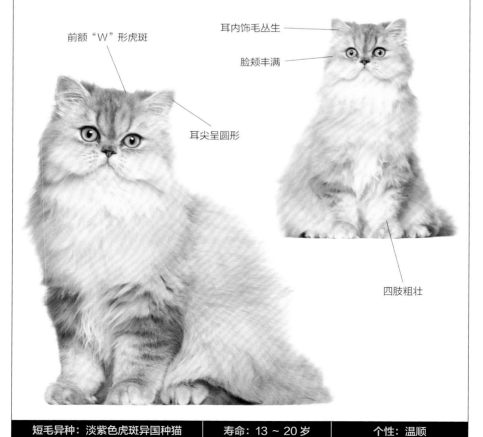

前额"W"形虎斑

耳内饰毛丛生

脸颊丰满

耳尖呈圆形

四肢粗壮

短毛异种：淡紫色虎斑异国种猫	寿命：13 ~ 20 岁	个性：温顺

原产国：英国　　　　品种：波斯长毛猫
祖先：安哥拉猫 × 波斯猫　　起源时间：19 世纪 80 年代

玳瑁色猫

　　玳瑁色猫的名字来源于海龟的一种——玳瑁，因其皮毛颜色与海龟玳瑁非常相似，故而得名。

◎ 主要特征：玳瑁色猫身上的被毛颜色是混杂的，没有明显界限的区分，由黑色夹杂着浅红或深红色，总体不规律。

◎ 饲养提示：当波斯长毛猫的毛打结了，不要直接齐毛根剪掉，那样会使打结的地方变得光秃秃的。可以用剪刀剪几下毛团，然后用钢梳慢慢解开，梳理好，这样就不会出现局部光秃秃的现象了。

◎ 附注：很多玳瑁色猫的脸部有明显的黑黄或黑红毛色分边的感觉，像涂了个大花脸，异常可爱。

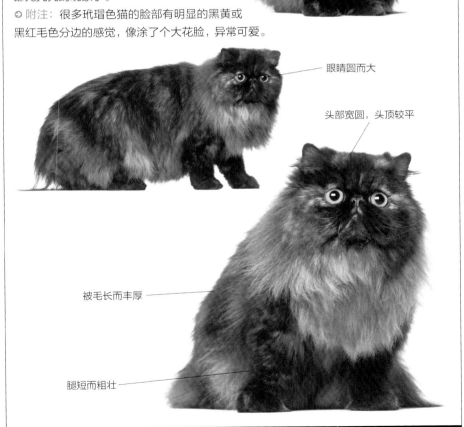

眼睛圆而大

头部宽圆，头顶较平

被毛长而丰厚

腿短而粗壮

| 短毛异种：玳瑁色异国种猫 | 寿命：13 ~ 20 岁 | 个性：温顺 |

原产国：英国　　品种：波斯长毛猫
祖先：波斯猫　　起源时间：19 世纪 80 年代

鼠灰色金吉拉猫

　　属于新品种的猫，由波斯长毛猫经过人为特意培育而成，俗称"人造猫"。

◎ **主要特征**：金吉拉猫眼大而圆，眼珠的颜色以祖母绿、蓝绿、绿色为标准色。全身的毛量丰富，尾短且蓬松，类似松鼠的尾巴。

◎ **饲养提示**：所有的猫都喜欢晒太阳，但要给它们准备可以遮阳的地方，而且晒太阳的时间不能太久，以免晒伤或脱水。

◎ **附注**：金吉拉猫身体强健矫捷，个性独特，喜欢安静。它性格温顺，较为听话，懂得认人，善解人意，但自尊心也很强。

眼睛大、圆而饱满，位置水平并且距离远，颜色为绿色或蓝绿色

尾巴短，不卷曲

短毛异种：无	寿命：13 ~ 20 岁	个性：温和但有个性

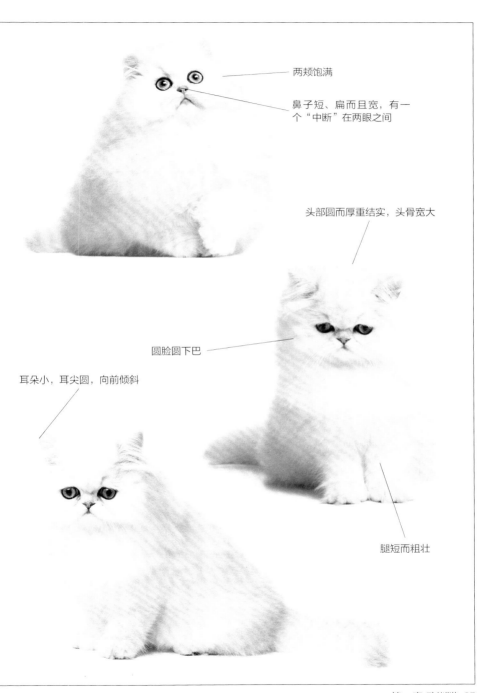

两颊饱满

鼻子短、扁而且宽，有一个"中断"在两眼之间

头部圆而厚重结实，头骨宽大

圆脸圆下巴

耳朵小，耳尖圆，向前倾斜

腿短而粗壮

原产国：英国　　　　　品种：波斯长毛猫

祖先：安哥拉猫 × 波斯猫　　起源时间：19 世纪 80 年代

银色渐层猫

　　人们曾把银色渐层猫和鼠灰色猫混淆。这两种幼猫可能会在同窝出现，不过奇特的是，其中深色的猫以后可能会变成颜色较浅的鼠灰色猫。

○ 主要特征：银色渐层猫毛尖的黑色应占整根毛长度的 1/3。

○ 饲养提示：主人在猫怀孕的中后期，应该为它准备数量足够、营养丰富、容易吸收消化的食物，如瘦肉、鱼肉、青菜等。

○ 附注：这种猫外表美丽，且很容易调教驯养，很受养猫者的喜爱。

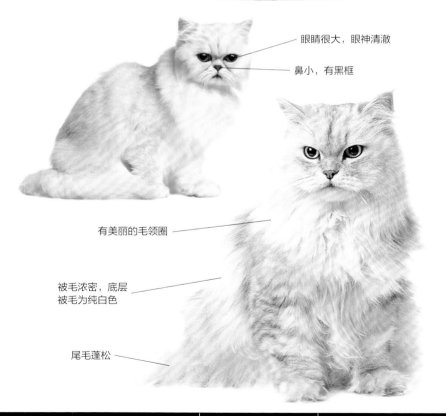

眼睛很大，眼神清澈

鼻小，有黑框

有美丽的毛领圈

被毛浓密，底层被毛为纯白色

尾毛蓬松

短毛异种：银色渐层异国种猫	寿命：13 ～ 20 岁	个性：温顺

白鑞猫

　　与银色渐层猫相似，但从眼睛的颜色上可以很好地区别二者，白鑞猫的眼睛为橘色或古铜色。

◐ 主要特征：被毛为白色，带黑色毛尖色，底层被毛为白色，鼻子为砖红色，鼻子带黑框。

◐ 饲养提示：4 个月以下的小猫，最好不要直接给它们喂猫罐头，可以在猫罐头里加少许米饭再喂给它们，这样更容易消化。

◐ 附注：白鑞猫是由鼠灰色猫演变而来的。

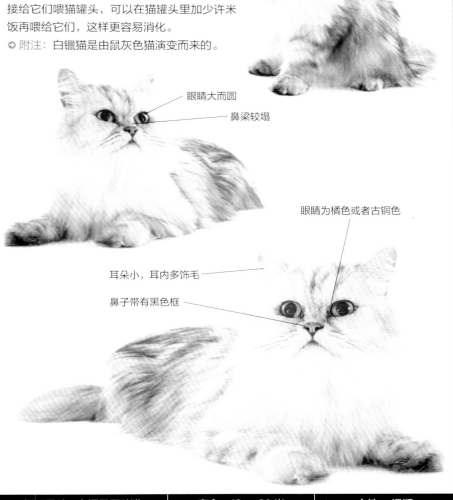

眼睛大而圆

鼻梁较塌

眼睛为橘色或者古铜色

耳朵小，耳内多饰毛

鼻子带有黑色框

短毛异种：白鑞异国种猫	寿命：13 ~ 20 岁	个性：温顺

蓝白猫

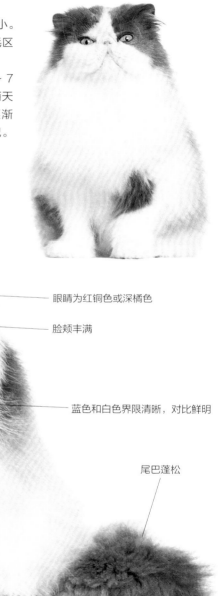

　　公猫长得更结实一些，母猫的体形相对略小。

◑ **主要特征**：被毛上不应有虎斑斑纹，白色毛区和蓝色毛区分布清晰。

◑ **饲养提示**：为猫转换食物，整个过程需要 5 ~ 7 天，新旧食物的分量比例是 1：4，然后过两天是 2：3，逐渐全部转换，让小猫的肠胃逐渐习惯改变，才不会出现肠胃不适及呕吐等状况。

◑ **附注**：蓝色较深的猫更受欢迎。

眼睛为红铜色或深橘色

脸颊丰满

蓝色和白色界限清晰，对比鲜明

尾巴蓬松

短毛异种：蓝白异国种猫	寿命：13 ~ 20 岁	个性：温顺

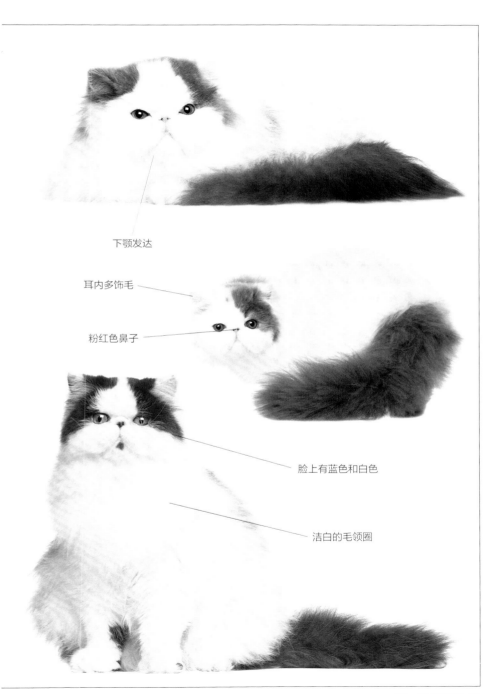

下颚发达

耳内多饰毛

粉红色鼻子

脸上有蓝色和白色

洁白的毛领圈

原产国：英国　　　　　品种：波斯长毛猫
祖先：安哥拉猫 × 波斯猫　起源时间：19 世纪 80 年代

棕色虎斑猫

　　虎斑斑纹在长毛猫身上历史悠久，现在带有虎斑的波斯长毛猫有很多颜色品种，培育者在获得新的颜色品种后，喜欢把虎斑纹引入这些新的颜色品种中。

◐ **主要特征：** 虎斑为黑色，体毛基色为棕色，虎斑斑纹与底色形成鲜明对比。

◐ **饲养提示：** 有些猫有用爪钩取食物或把食物叼到食盘外边吃的不良嗜好，主人一旦发现，要立即加以制止和改正，以免形成不良习惯。

◐ **附注：** 由于它们的毛长而密，所以夏季不喜欢被人抱在怀里，而喜欢独自躺卧在地板上。

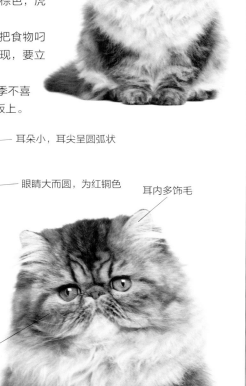

头宽且圆

耳朵小，耳尖呈圆弧状

眼睛大而圆，为红铜色

耳内多饰毛

幼猫

爪大而圆

脸部较扁平

尾毛蓬松

短毛异种：蓝色虎斑异国种猫	寿命：13～20 岁	个性：温顺

巧克力色乳白色猫

　　身上有色毛区的分布和重点色猫很像，但二者很好区别，重点色猫的眼睛为蓝色。

◎ 主要特征：外形特征和其他波斯长毛猫一样，头宽而圆，身体短胖。头、背、四肢和尾巴上的被毛为朱古力色，毛领圈和胸腹部的被毛为乳白色，眼睛为深橘色或古铜色。

◎ 饲养提示：在怀孕初期，主人应该限制它们做大幅度的运动和奔跑，以免由于撞击和过激的运动而导致流产。

◎ 附注：这种毛色的波斯猫不大受欢迎，因此数量时多时少。

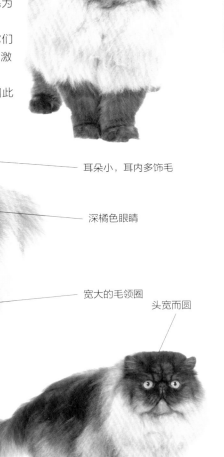

耳朵小，耳内多饰毛

深橘色眼睛

宽大的毛领圈

头宽而圆

四肢粗壮

爪大而圆

| 短毛异种：巧克力色乳白色异国种猫 | 寿命：13 ~ 20 岁 | 个性：温顺 |

原产国：英国	品种：波斯长毛猫
祖先：安哥拉猫 × 波斯猫	起源时间：19 世纪 80 年代

红色虎斑猫

　　最开始叫作橘色虎斑猫，在北美地区特别受欢迎。

◌ 主要特征：背部为纯红色，有三条较深的条纹。身体下方颜色较浅，尾巴上有环形斑纹。

◌ 饲养提示：经常为爱猫梳理毛发，不但能减少其毛发打结现象的发生，而且可以使斑纹的纹路更加清楚，从而在外观上达到最佳的效果。

◌ 附注：这个颜色品种在第二次世界大战后曾经出现过数量大幅度减少的情况。

额头上有清晰的"M"形虎斑斑纹

耳朵小，耳内多饰毛

被毛厚长、柔滑

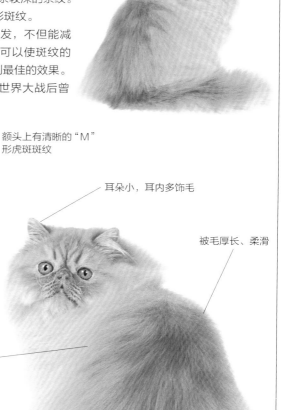

背部为纯红色，有三条较深的斑纹

尾巴上有环形斑纹

短毛异种：红色虎斑异国种猫	寿命：13 ~ 20 岁	个性：温顺

原产国：英国　　　　品种：波斯长毛猫
祖先：安哥拉猫 × 波斯猫　起源时间：19 世纪 80 年代

蓝玳瑁色白色猫

　　蓝玳瑁色是指玳瑁色的淡化色，其中黑色淡化成了蓝灰色，红色淡化成了红棕色或较深的乳黄色。

◎ **主要特征**：白色毛区占体毛的 1/3 ~ 1/2，各个色块轮廓清晰，有色毛区不应有白毛。

◎ **饲养提示**：给猫洗澡时，室内要保持温暖，特别在冬季更要避免猫因着凉而引起感冒。长毛猫的被毛长且丰厚，洗完澡后一定要尽快擦干并进行吹风。

◎ **附注**：没有两只有色斑块位置完全相同的猫，各个地区对这种猫的鉴定标准也有所不同，在北美地区，人们更喜欢下半身是白色的猫。

幼猫

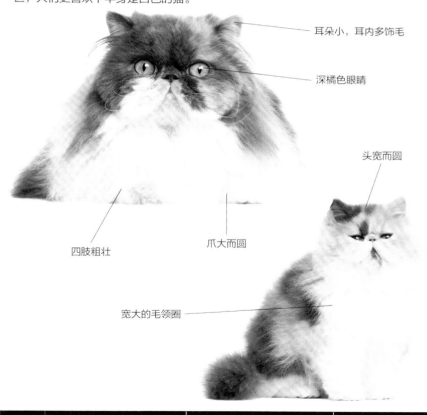

耳朵小，耳内多饰毛

深橘色眼睛

头宽而圆

四肢粗壮

爪大而圆

宽大的毛领圈

短毛异种：浅玳瑁色白色异国种猫	寿命：13 ~ 20 岁	个性：温顺

原产国：英国	品种：波斯长毛猫
祖先：安哥拉猫 × 波斯猫	起源时间：19 世纪 80 年代

奶油渐层色凯米尔猫

　　虽然多年来人们一直知道有些奇特的凯米尔猫，但直到20世纪50年代，才有一位叫雷恰尔·索尔兹伯里的医生决心尝试培育。"凯米尔"指尖端为乳黄色或红色的毛。

⊙ 主要特征：翻开被毛，底层毛色为白色，耳部和背部直到尾尖处乳黄色最清晰，腿和脚上渐层色明显，耳内多饰毛，胁腹、毛领圈和身体下方是灰白色。

⊙ 饲养提示：波斯猫因容易脱毛，而且腹部绒毛容易纠缠打结，进而藏污纳垢、滋生细菌，所以需要主人定期为爱猫洗澡和梳理毛发，这样不仅可以使猫美观、整洁，而且可以预防猫皮肤病和体外寄生虫感染。

⊙ 附注：1960 年，凯米尔猫获得美国猫迷协会的认可，从此广为人知。

被毛厚长、柔滑

短毛异种：蓝白异国短毛猫	寿命：13 ～ 20 岁	个性：温顺

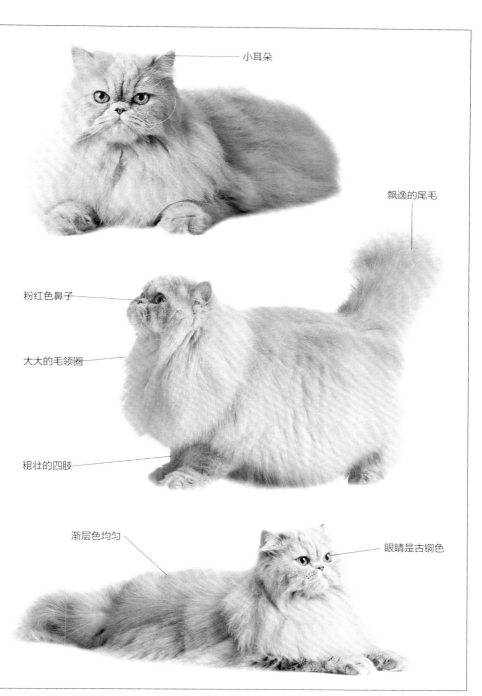

小耳朵

飘逸的尾毛

粉红色鼻子

大大的毛领圈

粗壮的四肢

渐层色均匀

眼睛是古铜色

挪威森林猫

大型猫，体格健壮，肌肉发达，是斯堪的纳维亚半岛上特有的猫种。外貌上和缅因猫非常相似，二者的主要区别是：挪威森林猫后腿比前腿稍长，并且是双层被毛。古时候这些猫就生活在斯堪的纳维亚半岛的雪原上，并且和人们关系较近。挪威森林猫独立性强、机灵警觉、行动谨慎，且趾爪强健、能抓善捕，有“能干的狩猎者”之美誉。

原产国：挪威　　品种：挪威森林猫
祖先：安哥拉猫 × 短毛猫　　起源时间：16 世纪 20 年代

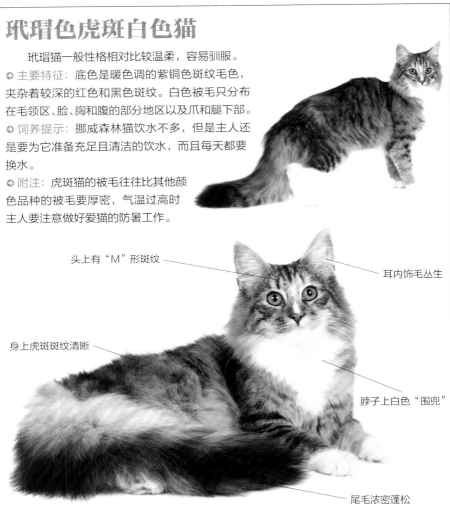

玳瑁色虎斑白色猫

玳瑁猫一般性格相对比较温柔，容易驯服。

主要特征：底色是暖色调的紫铜色斑纹毛色，夹杂着较深的红色和黑色斑纹。白色被毛只分布在毛领区、脸、胸和腹的部分地区以及爪和腿下部。

饲养提示：挪威森林猫饮水不多，但是主人还是要为它准备充足且清洁的饮水，而且每天都要换水。

附注：虎斑猫的被毛往往比其他颜色品种的被毛要厚密，气温过高时主人要注意做好爱猫的防暑工作。

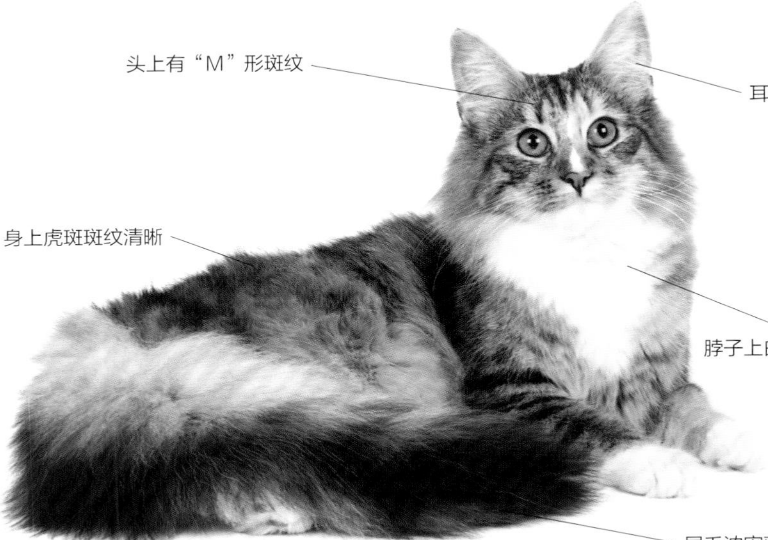
头上有“M”形斑纹
耳内饰毛丛生
身上虎斑斑纹清晰
脖子上白色“围兜”
尾毛浓密蓬松

短毛异种：玳瑁虎斑和白色欧洲短毛猫	寿命：15 ~ 20 岁	个性：勇敢、爱冒险

蓝色虎斑白色猫

　　挪威森林猫在挪威的饲养历史有几百年之久了，但是直到 20 世纪 30 年代，它们才真正引起培育者的关注和兴趣，而真正有计划地繁育则开始得更晚。

⊙ 主要特征：眼睛为杏仁状并略倾斜，两眼间距较小。耳朵大而尖，身上蓝灰色虎斑纹路清晰。

⊙ 饲养提示：挪威森林猫是怕热不怕寒冷的猫种，并且不同颜色的猫被毛毛型也略有不同，虎斑猫的被毛往往最厚密，气温过高时，主人要注意做好爱猫的防暑工作。

⊙ 附注：挪威森林猫后腿上的毛长且浓密，所以有人说它们像是穿着"灯笼裤"一样。

耳朵大且尖

头上有"M"形虎斑纹

非常干净的外表

杏仁状大眼睛，略向鼻子处倾斜

耳内饰毛丛生

蓝灰色虎斑纹路清晰

| 短毛异种：蓝色虎斑和白色欧洲短毛猫 | 寿命：15 ~ 20 岁 | 个性：勇敢、爱冒险 |

原产国：挪威　　　　　　品种：挪威森林猫
祖先：安哥拉猫 × 短毛猫　　起源时间：16 世纪 20 年代

蓝白猫

　　1835 年，民俗学家和诗人撰写并出版了一套精选的挪威民间故事和民歌，令挪威森林猫广为人知。

◎ 主要特征：头形略呈等边三角形，颈短，肌肉发达。脸部和身体下方有白色，白色毛区应占身体的 1/3，其余为均匀的蓝灰色，以白毛区和蓝毛区轮廓清晰的为佳。

◎ 饲养提示：不适宜长期养在室内，最好饲养在有庭院且比较宽敞的环境里。

◎ 附注：挪威森林猫都比较聪明，是经常用作宠物疗法的猫医生。雄猫身形较大，给人威风凛凛的感觉；雌猫则身形较小，较优雅。

耳内多饰毛

耳朵大而尖，耳根部较宽

尾长且被毛浓密

| 短毛异种：蓝白色欧洲短毛猫 | 寿命：15 ~ 20 岁 | 个性：勇敢、爱冒险 |

头部略呈等边三角形

金绿色眼睛

可防水的半长型被毛

白色毛区和蓝色毛区轮廓清晰

足掌结实，又大又圆

原产国：挪威　　　　　品种：挪威森林猫
祖先：安哥拉猫 × 短毛猫　　起源时间：16 世纪 20 年代

银棕色猫

　　传说中为女神佛略依亚拉车的就是两只这个颜色品种的挪威森林猫。

⊙ **主要特征**：骨骼健壮，肌肉发达，眼睛一般为绿色，毛领圈一般为银灰色，胸部被毛较长，如波浪状。

⊙ **饲养提示**：挪威森林猫不喜欢在嘈杂声中和强光照射的地方进食，并且它们进食的生物钟一旦形成，就比较固定，不应随意变更。

⊙ **附注**：挪威森林猫中淡色的猫有着较厚的底毛，深色的猫底毛则较薄，因为它们可以通过吸收阳光来保暖。

华丽的银灰色毛领圈

胸部被毛较长，呈波浪状

耳内饰毛丛生

长且直的腿

绿色的眼睛

短毛异种：银棕色欧洲短毛猫	寿命：15 ~ 20 岁	个性：勇敢、爱冒险

蓝乳黄色白色猫

　　这种颜色的猫很难培育出各种颜色均匀交织的品种，并且因为被毛中色块较多，所以没有两只外表完全一样的猫。

◎ 主要特征：被毛的 1/3 ~ 1/2 部分是白色，其余部分是蓝乳黄色，被毛区轮廓清晰。

◎ 饲养提示：挪威森林猫非常聪明，并且喜欢冒险和活动，稍加训练，便可以像小狗一样机灵，主人可以教猫做就地打滚等动作。

◎ 附注：如果需要参展，主人可以给猫的身上施点粉，这样可以增强各种颜色的清晰度。

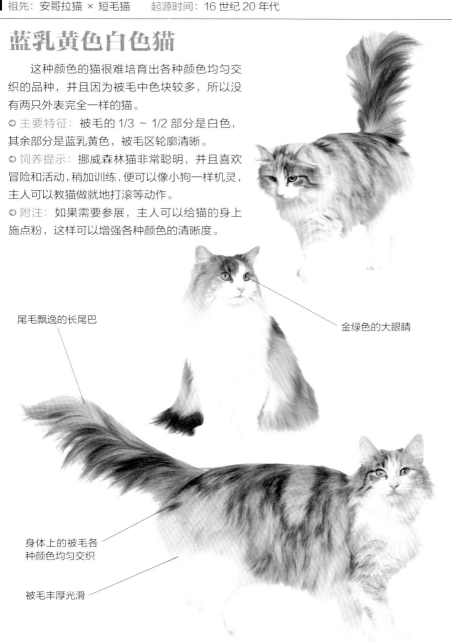

尾毛飘逸的长尾巴

金绿色的大眼睛

身体上的被毛各种颜色均匀交织

被毛丰厚光滑

| 短毛异种：蓝乳黄色白色欧洲短毛猫 | 寿命：15 ~ 20 岁 | 个性：勇敢、爱冒险 |

原产国：挪威　　　　品种：挪威森林猫
祖先：安哥拉猫 × 短毛猫　　起源时间：16 世纪 20 年代

红白猫

　　这种颜色品种的猫培育起来比较困难，因为红色毛区中会出现虎斑斑纹。

○ 主要特征：红色毛区毛色鲜亮，白色毛区是纯白色而不是米色或米黄色。眼睛是杏仁状并略倾斜，内眼角低于外眼角。

○ 饲养提示：给猫梳理毛发时要注意调整猫的情绪，等它放松后再梳理，如果猫有很明显的抗拒情绪，一定不要勉强。

○ 附注：挪威森林猫中，除了巧克力色、淡紫色和暹罗猫式的重点色外，其他颜色的猫都可以参展。

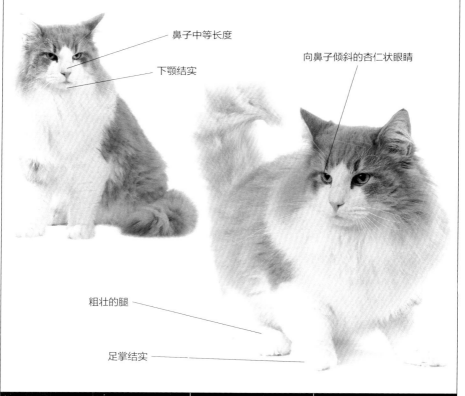

鼻子中等长度

下颚结实

向鼻子倾斜的杏仁状眼睛

粗壮的腿

足掌结实

| 短毛异种：红白色欧洲短毛猫 | 寿命：15 ~ 20 岁 | 个性：勇敢、爱冒险 |

蓝乳黄色猫

　　蓝乳黄色猫的培育者是想获得乳黄色和蓝色均匀结合的猫，但是这并不容易，因此他们培育出的优良的展示猫并不多。

◯ **主要特征：** 乳黄色和蓝色的被毛均匀交织，分布于全身。两种颜色都不呈碎片状。

◯ **饲养提示：** 最好每周为猫梳理一次毛发，如果条件允许最好是每次在同一时间进行，这样猫会形成一种习惯，在你为它梳理毛发时会比较听话。

◯ **附注：** 在脱毛期对爱猫进行定期梳理非常重要。

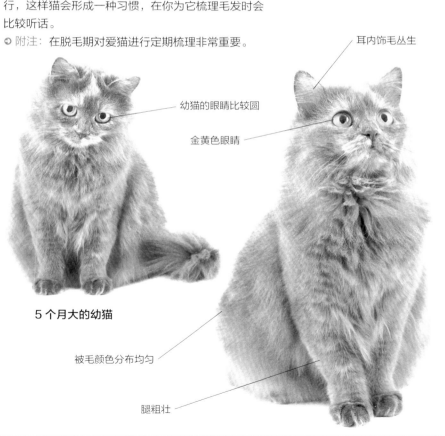

耳内饰毛丛生

幼猫的眼睛比较圆

金黄色眼睛

5 个月大的幼猫

被毛颜色分布均匀

腿粗壮

短毛异种：蓝乳色欧洲短毛猫	寿命：15 ~ 20 岁	个性：勇敢、爱冒险

黑白猫

　　理想的黑白猫黑色毛区应对称，黑色应分布在头、背及体侧，身体下方为白色。

◯ 主要特征：头、脸、背和尾部为黑色，身体下方为白色。被毛长而浓密，且如丝般柔软。奔跑速度非常快，奔跑中长长的被毛会随风飘动，非常漂亮。

◯ 饲养提示：挪威森林猫喜食温热的食物，凉食或冷食容易导致它们的消化功能紊乱。一般情况下，食物的温度以 30 ~ 40℃为宜。

◯ 附注：挪威森林猫的特色是拥有双层被毛，外层是像鹅毛一样的油面被毛，有防水功能。

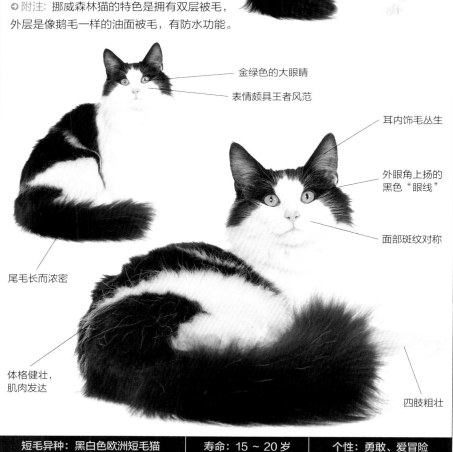

金绿色的大眼睛

表情颇具王者风范

耳内饰毛丛生

外眼角上扬的黑色"眼线"

面部斑纹对称

尾毛长而浓密

体格健壮，肌肉发达

四肢粗壮

| 短毛异种：黑白色欧洲短毛猫 | 寿命：15 ~ 20 岁 | 个性：勇敢、爱冒险 |

棕色虎斑猫

外表充满野性气息，其实它们并不凶，并且还是非常聪明、忠诚的理想伴侣。

◎ **主要特征：**身体的基色为棕色，身上有浓而清晰的黑色虎斑。

◎ **饲养提示：**在换季时，猫毛发脱落较多，主人需多加留意。

◎ **附注：**挪威森林猫拥有双层被毛，长毛下是一层羊毛般的底毛，有着极好的保暖功能。夏天时，这层底毛会大面积脱落，只保留臀部周围和前腿腋下的部分，从后面看，猫就像穿了条裤子一样。

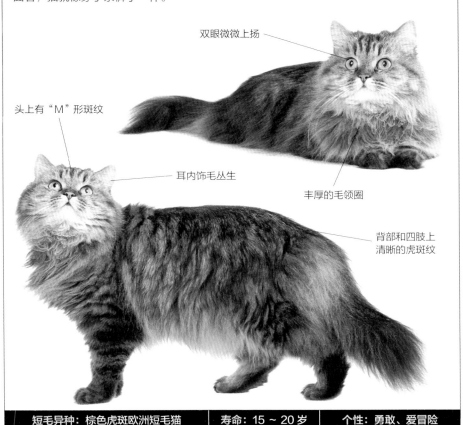

双眼微微上扬

头上有"M"形斑纹

耳内饰毛丛生

丰厚的毛领圈

背部和四肢上清晰的虎斑纹

短毛异种：棕色虎斑欧洲短毛猫	寿命：15 ~ 20 岁	个性：勇敢、爱冒险

棕色玳瑁虎斑猫

　　和棕色虎斑猫的区别在于，它们身上有红色和乳黄色的斑块。

◔ **主要特征：**身体的底色是比较深的乳黄色，和身上深棕色的虎斑斑纹形成鲜明对比，身上有乳黄色和红色斑块。

◔ **饲养提示：**喂养挪威森林猫的食盘要固定，不宜随便更换，因为它们对食盘的变换很敏感，有时会因换了食盘而拒绝进食。

◔ **附注：**也有人把这个颜色品种的猫称为"补片虎斑猫"。

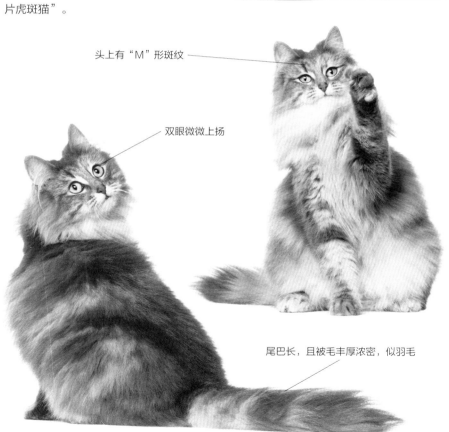

头上有"M"形斑纹

双眼微微上扬

尾巴长，且被毛丰厚浓密，似羽毛

短毛异种：棕色玳瑁欧洲短毛猫	寿命：15 ~ 20 岁	个性：勇敢、爱冒险

耳内饰毛丛生

耳根部较宽

黑色眼眶

丰厚的毛领圈

粗壮的四肢

脚掌结实

身上乳黄色和红色斑块

原产国：挪威　　　　　品种：挪威森林猫
祖先：安哥拉猫 × 短毛猫　　起源时间：16 世纪 20 年代

棕色虎斑白色猫

　　受生活环境的影响，家庭饲养的猫和生活在斯堪的纳维亚半岛野外的猫相比，被毛较短，也更柔软。

◐ **主要特征：** 最显著的特征是它们脖子上的白色毛领圈，看上去如同是一个完整的围兜，身上虎斑纹路清晰。

◐ **饲养提示：** 挪威森林猫非常勇敢、爱动，饲养的环境中最好有可以让它们游逛、攀爬和奔跑的地方。

◐ **附注：** 季节性脱毛后，毛领圈上的毛会变得不再丰厚，所以不同的季节猫的外形可能会有所不同。

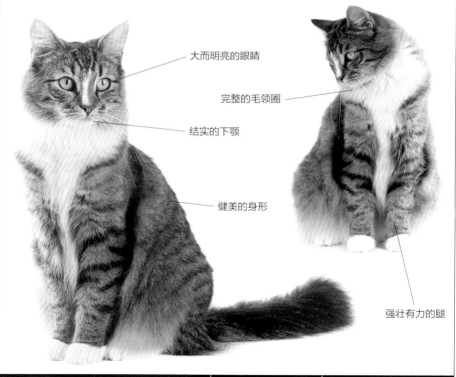

大而明亮的眼睛

完整的毛领圈

结实的下颚

健美的身形

强壮有力的腿

短毛异种：棕色虎斑和白色欧洲短毛猫	寿命：15 ~ 20 岁	个性：勇敢、爱冒险

西伯利亚猫

也叫西伯利亚森林猫，属于体形较大的猫，与该猫有关的最早文字记录出现于 11 世纪，说它们是西伯利亚乡下非常普通的猫。它们全身上下都被长长的被毛所覆盖，外层护毛质地比较硬、光滑且呈油性，底层绒毛浓密厚实，这和西伯利亚地区严寒的自然环境是有关系的。西伯利亚猫曾经被作为国礼赠送给国际友人。

原产国：俄罗斯	品种：西伯利亚猫
祖先：非纯种长毛猫	起源时间：11 世纪

金色虎斑猫

西伯利亚猫中虎斑的出现率较高，金虎斑色是西伯利亚森林猫的传统颜色。

○ 主要特征：身体紧实，肌肉发达，背长且略隆起，头部比挪威森林猫更浑圆。眼睛一般为绿色或黄色，大而近似圆形，微微倾斜，幼猫的眼睛更圆。

○ 饲养提示：猫都是通过抓磨留下自己的气味来标示自己的领地，主人可以在不希望猫抓磨的地方喷上柠檬水、风油精等液体，这些都是不受猫欢迎的气味。

○ 附注：这个品种的猫非常适合害怕被猫身上的病毒感染的人饲养，它们和其他猫不同，它们身上的病毒感染人的概率非常小。

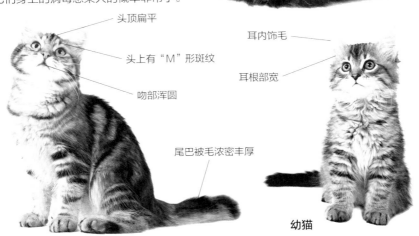

头顶扁平

头上有"M"形斑纹

吻部浑圆

耳内饰毛

耳根部宽

尾巴被毛浓密丰厚

幼猫

短毛异种：无	寿命：13 ~ 18 岁	个性：机灵、活跃

黑色猫

　　西伯利亚猫曾在俄罗斯的荒野中生活了颇长一段时间，曾和当地的野猫交配，所以它们的后代被毛上虎斑的出现率较高，而单色猫出现的概率则大大降低。

◉ 主要特征：半长形被毛，底层被毛丰厚，颜色很纯，没有白色杂毛。

◉ 饲养提示：猫在自我清理的过程中会吃下很多毛发，主人可以定期给爱猫喂食吐毛膏，从而帮助它们清理肠胃中不能消化的毛球，以减少猫出现肠胃不适的概率。

◉ 附注：幼猫的被毛会略带灰色或铁锈色，在成长过程中会逐渐消失。

头顶扁平

幼猫

宽而圆的头部

下巴浑圆

被毛丰厚而且防水

爪大而圆，趾间有毛

短毛异种：无	寿命：13 ~ 18 岁	个性：机灵、活跃

俄罗斯蓝猫

原本称阿契安吉蓝猫，有段时间也叫马耳他猫。俄罗斯蓝猫历史较为悠久，第二次世界大战以后数量急剧减少，为保留此品种，培育者用蓝色重点色暹罗猫与其杂交。俄罗斯蓝猫有着结实的中等体态，被毛分为底层毛和外层毛，基底为蓝色的外层毛，其末端带有银色，这就带来了光学效应，使得俄罗斯蓝猫有着"闪闪动人"的外貌。

原产国：俄罗斯　　　**品种：**俄罗斯蓝猫
祖先：非纯种短毛猫　　**起源时间：**19 世纪

蓝色猫

由于祖先起源于寒冷的西伯利亚地区，很多地方称它为"冬天的精灵"。

⊙ **主要特征：**体形细长，被毛短，为中等深度的纯蓝色，泛出银色光泽，毛发独特，质地似海豹皮。

⊙ **饲养提示：**现在血统纯正的俄罗斯蓝猫相当稀少，要想获得一只纯正俄罗斯蓝猫非常不易。所以一定要确保纯种繁殖，避免杂交。

⊙ **附注：**俄罗斯蓝猫的鼻子和掌垫也是蓝色，但幼猫除外，其杏仁状眼睛为翡翠绿色。

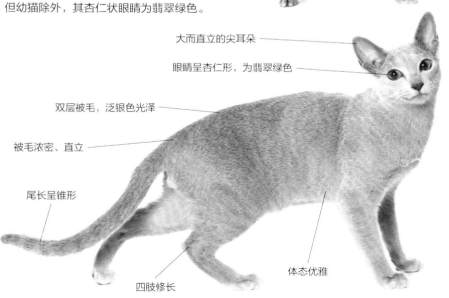

大而直立的尖耳朵

眼睛呈杏仁形，为翡翠绿色

双层被毛，泛银色光泽

被毛浓密、直立

尾长呈锥形

体态优雅

四肢修长

长毛异种：无	寿命：10 ~ 15 岁	个性：感情丰富而温顺

英国短毛猫

英国短毛猫的祖先们可以说"战功赫赫"，早在 2000 多年前的古罗马帝国时期，它们就曾跟随凯撒大帝到处征战。在战争中，它们靠着超强的捕鼠能力，保护罗马大军的粮草不被老鼠偷吃，充分保障了军需后方的稳定。从此，这些猫在人们心中得到了很高的地位。该品种猫体形短胖，但是非常英俊可爱，纯色猫的需求量总是很大。

▌原产国：英国　　　品种：英国短毛猫
▌祖先：非纯种短毛猫　起源时间：20 世纪 80 年代

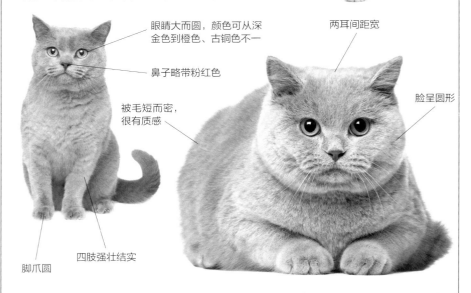

淡紫色猫

目前这个颜色品种正属于培育阶段，用英国短毛猫和淡紫色长毛猫杂交，便产生了淡紫色英国短毛猫。

◉ **主要特征**：体形矮胖，鼻子和趾垫略带粉红色，眼睛从深金色到古铜色不一。

◉ **饲养提示**：温暖舒适的生活环境有利于猫的健康成长。猫窝最好在一个温暖、通风透气的地方。猫爬架、猫抓板、猫厕所、食盆等日常的生活用品也是必备的。

◉ **附注**：目前淡紫色英国短毛猫的数量还很少。

眼睛大而圆，颜色可从深金色到橙色、古铜色不一

鼻子略带粉红色

被毛短而密，很有质感

两耳间距宽

脸呈圆形

四肢强壮结实

脚爪圆

长毛异种：淡紫色波斯长毛猫	寿命：17 ～ 20 岁	个性：和平而友善

巧克力色猫

　　这种颜色品种的猫虽不常见，但是因为颜色迷人，非常受人们的喜爱。

◑ 主要特征：身躯的颜色为鲜艳的朱古力色，没有杂毛，具有英国短毛猫的外形，如有任何哈瓦那猫的体形将会被看成是严重的缺陷。

◑ 饲养提示：对于英国短毛猫来说，清洗远远比梳理重要得多，因为它们的被毛密实又柔软，灰尘和细菌很容易藏在那里。

◑ 附注：英国短毛猫心理素质良好，能适应各种生活环境，温柔易满足，感情丰富。

耳尖呈圆形

下巴与鼻子和上唇成一条直线

鼻子较短

脸呈圆形

脖子粗短

四肢粗，强壮有力

长毛异种：巧克力色波斯长毛猫　　│　　寿命：17 ～ 20 岁　　│　　个性：和平而友善

原产国：英国　　　品种：英国短毛猫
祖先：非纯种短毛猫　　起源时间：20 世纪 80 年代

乳黄色猫

　　这个颜色品种自 1950 年以来一直很受欢迎，但是许多乳黄色英国短毛猫总是带着虎斑，或带有多余的浅粉红色。

◐ 主要特征：体形圆胖，四肢粗短发达，被毛短而密，头大脸圆，眼睛从深金色到橙色、铜色不一。

◐ 饲养提示：英国短毛猫不太喜欢运动，很容易长胖，因此每天要陪它做半小时的运动。

◐ 附注：随着人们对基因颜色的了解，经过选择培育，目前这个颜色品种虎斑猫的出现率已经大大地降低了。

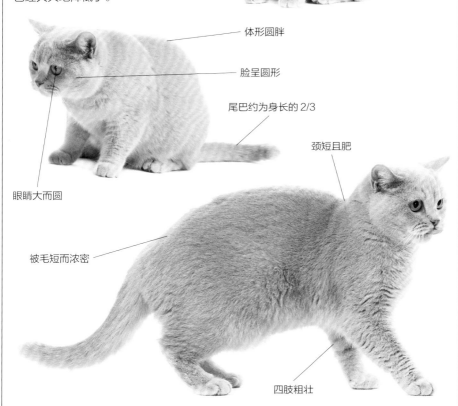

体形圆胖

脸呈圆形

尾巴约为身长的 2/3

颈短且肥

眼睛大而圆

被毛短而浓密

四肢粗壮

长毛异种：乳黄色波斯长毛猫	寿命：17 ～ 20 岁	个性：和平而友善

银白色标准虎斑猫

　　虽然带虎斑的猫不如单色猫那样受欢迎，但因为同样有胖乎乎的圆脸、充满好奇的眼睛和温柔的性格，它们正受到越来越多人的喜爱。

◎ **主要特征**：底色是银白色，斑纹为深黑色，底色与斑纹形成鲜明的对比，两肋腹上有明显的牡蛎状图案。

◎ **饲养提示**：训练小猫在准备好的地方大小便时，如果小猫弄错地方，千万别把它的鼻子按在大小便上面。这样它会被气味所吸引，以为那儿便是固定的厕所。应该彻底清洗这些地方，避免猫又在此处大小便。

◎ **附注**：英国短毛猫是一种好奇心旺盛的猫。

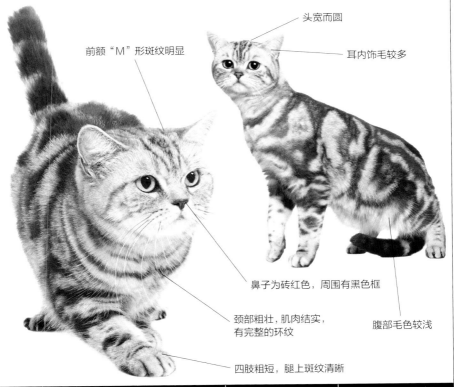

头宽而圆

耳内饰毛较多

前额"M"形斑纹明显

鼻子为砖红色，周围有黑色框

颈部粗壮，肌肉结实，有完整的环纹

腹部毛色较浅

四肢粗短，腿上斑纹清晰

| 长毛异种：银白色标准虎斑波斯长毛猫 | 寿命：17 ～ 20 岁 | 个性：和平而友善 |

原产国：英国　　　　品种：英国短毛猫
祖先：非纯种短毛猫　　起源时间：20 世纪 80 年代

肉桂色猫

　　这个颜色品种的英国短毛猫并不常见。如图，吻部在大而圆的须肉外围有一条明显的分界，配上小巧的嘴巴异常可爱，很受欢迎。

◐ 主要特征：整个被毛颜色为单一的暖色调的肉桂棕色，其中没有明显的白色毛发，外形是与其他英国短毛猫一样的圆胖体形。

◐ 饲养提示：新买的猫不宜马上洗澡，特别是在寒冷的天气里。如果猫身体局部较脏，可用毛巾沾温水擦洗局部；如果全身较脏，几天后等猫稍恢复体力，再洗澡。

◐ 附注：英国短毛猫能与其他猫、狗和谐相处，它们贪玩，但是非常友善有爱心，并不会给人添麻烦。

耳朵基部宽，呈三角形

眼睛大而圆，两眼间距宽

被毛短而密

体形圆胖

长毛异种：肉桂色波斯长毛猫	寿命：17 ~ 20 岁	个性：和平而友善

头顶较平坦

脚爪大而圆

颈短

脸呈圆形

吻部突出

四肢粗短强壮

原产国：英国　　　品种：英国短毛猫
祖先：非纯种短毛猫　起源时间：20 世纪 80 年代

黑毛尖色猫

　　最初被称为金吉拉短毛猫，1918 年以后才被称为黑毛尖色英国短毛猫。

○ 主要特征：身体下方，从下巴到尾部为纯白色，身体上半部分的黑色毛尖色明显，并沿肋腹而下，延伸至腿以及尾巴上。毛尖色的颜色分布均匀。眼睛为绿色。

○ 饲养提示：猫和人皮肤的酸碱度不同，皮肤的薄厚也不一样，要给它准备专门的宠物浴液。

○ 附注：幼猫仍明显带有金吉拉长毛猫的特征。

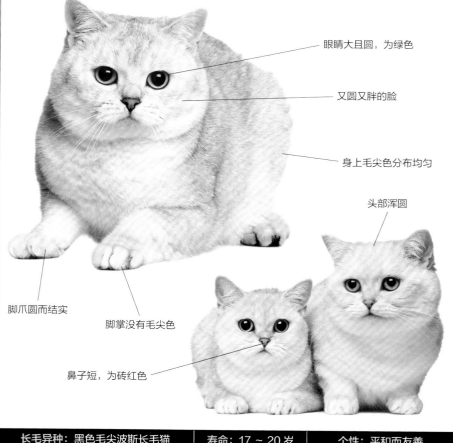

眼睛大且圆，为绿色

又圆又胖的脸

身上毛尖色分布均匀

头部浑圆

脚爪圆而结实

脚掌没有毛尖色

鼻子短，为砖红色

| 长毛异种：黑色毛尖波斯长毛猫 | 寿命：17 ～ 20 岁 | 个性：平和而友善 |

原产国：英国　　　品种：英国短毛猫
祖先：非纯种短毛猫　　起源时间：20 世纪 80 年代

乳黄色斑点猫

　　在已获得承认的任何一种纯色的猫中，都有可能培育出斑点猫。

◎ **主要特征**：斑点界限分明，颜色对比并不太醒目，斑点的大小可以不同。

◎ **饲养提示**：当小猫在 3 ~ 4 周龄开始吃固体食物时，可开始对它进行大小便的训练，使它从小养成良好的习惯。

◎ **附注**：斑点状的被毛图案常见于野猫中，自然生长的非纯种猫，特别是地中海东部地区的非纯种猫也会有这种被毛图案。

头顶较平

两眼间距离宽而平

鼻子中等长度，略宽

四肢粗壮

吻部在大而圆的须肉外围有一条明显的分界

脚爪圆而结实

胸部宽厚

长毛异种：乳黄色斑点波斯长毛猫	寿命：17 ~ 20 岁	个性：平和而友善

红毛尖色猫

　　任何单色和玳瑁色英国短毛猫都能培育出带有毛尖色的猫。这个颜色品种很受女性的欢迎。

● 主要特征：毛尖色为红色，底层被毛为白色，眼睛从深金色到橙色、铜色不一。

● 饲养提示：小猫断奶时，可吃掺有奶的流质食物，如麦片粥。然后逐渐在饮食中加进肉，直到小猫 8 周大时完全断奶。

● 附注：毛尖色猫的颜色有深有浅，而颜色较深的底层被毛与毛尖色的对比更明显，所以也更受欢迎。

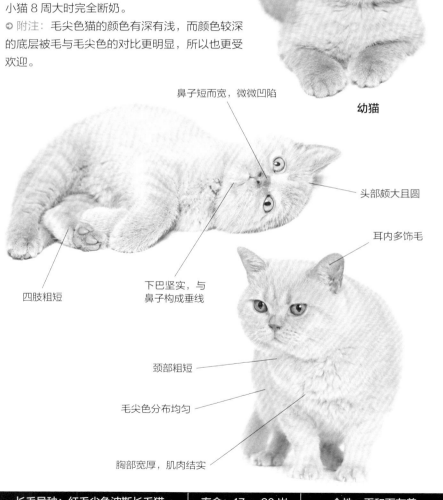

幼猫

鼻子短而宽，微微凹陷

头部颇大且圆

耳内多饰毛

四肢粗短

下巴坚实，与鼻子构成垂线

颈部粗短

毛尖色分布均匀

胸部宽厚，肌肉结实

长毛异种：红毛尖色波斯长毛猫	寿命：17 ~ 20 岁	个性：平和而友善

原产国：英国　　　品种：英国短毛猫
祖先：非纯种短毛猫　起源时间：20世纪70年代

银色斑点猫

　　这个颜色品种是斑点猫中最受欢迎的颜色之一，它们身上的斑点与底色对比鲜明。

○ 主要特征：底色为银色，斑点清晰，不能相互掺杂，斑点的大小不必一致。

○ 饲养提示：应每天24小时供给猫新鲜的饮水，尤其是在喂猫干食物时。喂猫特别忌讳的是除定时、定量喂食物外，再喂零食。

○ 附注：这个颜色品种因为在1965年英国的切尔滕纳姆展会上获得了"最佳短毛猫"的头衔而声名显赫。

两耳间距宽

前额有"M"形虎斑

眼睛大而圆

双颊丰满

鼻子较宽

颈粗短

被毛短而密

四肢粗壮结实

长毛异种：银色斑点波斯长毛猫	寿命：17～20岁	个性：平和而友善

原产国：英国　　　品种：英国短毛猫
祖先：非纯种短毛猫　起源时间：20 世纪 80 年代

蓝色猫

　　这是英国短毛猫中比较传统的颜色品种，在所有单色英国短毛猫中它们最受欢迎。

⊃ 主要特征：眼睛多为金色或红铜色。被毛为由浅到中等深度的蓝色，且整体颜色非常均匀，同时身体的任何地方都不能有白色杂毛或虎斑纹。

⊃ 饲养提示：小猫的性格不稳定，而且会很淘气，但主人不能打骂它们，因为猫都很敏感，小时候受惊吓过多，长大以后就会对人产生很强的戒心。

⊃ 附注：在幼猫时没有阉割的公猫，它们在成长过程中会长出特别的颈垂肉。

脸呈圆形

后背平坦

四肢粗短肥壮

脚掌圆而结实

长毛异种：蓝色波斯长毛猫	寿命：17 ~ 20 岁	个性：平和而友善

眼睛从深金色到橙色、铜色不一

两颊饱满

颈粗短，颈垂肉肥大

两耳距离较远

蓝色掌垫

胖而圆的身体

被毛短而浓密，颜色均匀无虎斑

原产国：英国　　　品种：英国短毛猫
祖先：非纯种短毛猫　起源时间：20 世纪 80 年代

棕色标准虎斑猫

　　19 世纪末《爱丽斯漫游仙境》中路易斯·卡洛尔的柴郡猫就被描绘成了一只英国短毛斑纹猫，由此可见它们的美丽、可爱和受欢迎程度。

◑ 主要特征：被毛底色为浓艳的像红铜一样的棕色为佳品，虎斑为黑色。

◑ 饲养提示：主人要有防病意识。带着猫到处玩耍，甚至与发病的猫在一起玩耍，很容易使猫传染上疾病。

◑ 附注：1968 年，虎斑猫俱乐部成立，目的是要促进虎斑猫的发展。目前来说，这个颜色品种的优良展示猫仍然很难获得。

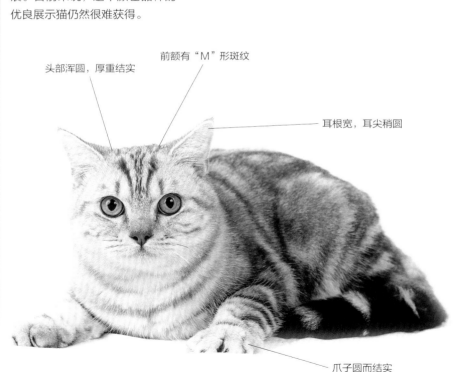

头部浑圆，厚重结实

前额有"M"形斑纹

耳根宽，耳尖稍圆

爪子圆而结实

| 长毛异种：棕色标准虎斑波斯长毛猫 | 寿命：17 ～ 20 岁 | 个性：平和而友善 |

两眼间位置宽而平

鼻子有轻微下凹

吻部饱满

胸部宽厚

尾巴长度为身体的2/3

被毛颜色浓艳，
块状斑纹清晰

重点色英国短毛猫

这是一个比较新的品种，1991年在英国才开始被承认。20世纪80年代，它们由英国短毛猫与暹罗猫混种培育而来，形体上与英国短毛猫一致，个性上与暹罗猫相比更为沉静，但是被毛图案上却带着暹罗猫的重点色。这种猫体形还在改良，但人们已经在培育各种颜色、品质优良的猫。这个品种的猫感情丰富，会是个好伙伴。

原产国：英国　　　　　　　品种：重点色英国短毛猫
祖先：英国短毛猫 × 暹罗猫　起源时间：20世纪80年代

蓝色重点色猫

　　育猫者正在对这种猫不断地进行改良，所以重点色英国短毛猫的知名度与受欢迎程度将会不断提升。

◎ 主要特征：体形矮胖。底色为冰川白，与中等深度的蓝色重点色形成鲜明对比。眼睛为蓝色。

◎ 饲养提示：猫全身由浓密的被毛覆盖，除脚趾处分布有少量汗腺外，体表其余部分缺乏汗腺，因而对热的调节功能较差。所以，夏季应给猫提供一个干燥、凉爽、通风、无烈日直射的生活环境。

◎ 附注：它们的被毛质地脆，并且任何柔软或似羊毛状的趋势都会被视为缺陷。

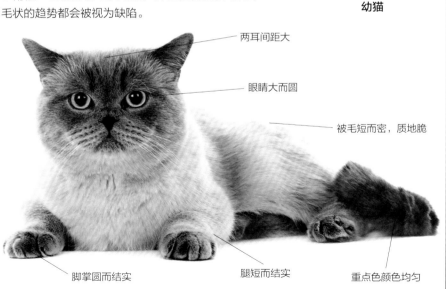

幼猫

两耳间距大

眼睛大而圆

被毛短而密，质地脆

脚掌圆而结实　　　腿短而结实　　　重点色颜色均匀

长毛异种：蓝色重点色长毛猫	寿命：15 ~ 20 岁	个性：感情丰富

蓝乳色重点色猫

　　这种蓝乳色重点色短毛猫是玳瑁色猫的淡化品种。

◉ **主要特征**：蓝色重点色上带有乳黄色斑纹，身体颜色为浅蓝色与乳色相互掺杂，头部、尾巴及四肢颜色较深，背部与身体两侧分布有乳色斑纹。

◉ **饲养提示**：为了防止猫患上春天易发的毛球症，可以种一些猫草给猫吃。对于不会自己主动吃猫草的猫，主人可以将猫草剪成一小段一小段，然后掺在猫的食物里。

◉ **附注**：因为它们是玳瑁色猫的淡化品种，所以与其他的玳瑁猫一样，几乎没有公猫。

双耳间距较宽

眼睛又大又圆

背部与身体两侧分布有乳色斑纹

尾巴较粗，尾尖呈圆形，尾毛颜色较深

颈部肌肉结实

四肢粗壮

身体下部毛色较浅

脚爪大，呈圆形

长毛异种：蓝乳色重点色长毛猫	寿命：15 ~ 20 岁	个性：感情丰富

乳黄色重点色猫

　　体形上与英国短毛猫极为相似，但是保留了暹罗猫的重点色。它们有着圆圆的身体和胖胖的脸颊，非常受爱猫者特别是女性的欢迎。

◎ **主要特征：**身形矮胖，身体基色是乳黄色，重点色是比之较深的浓乳黄色，允许有斑块和条纹。脸形较圆，鼻短而宽，鼻梁有明显的凹陷。

◎ **饲养提示：**夏季也应给猫喂食加热煮熟的食物，以杀死食物中病原微生物和细菌。不能让猫食用生的食物，以防腹泻。

◎ **附注：**和其他英国短毛猫一样，它们的牙齿咬合整齐。

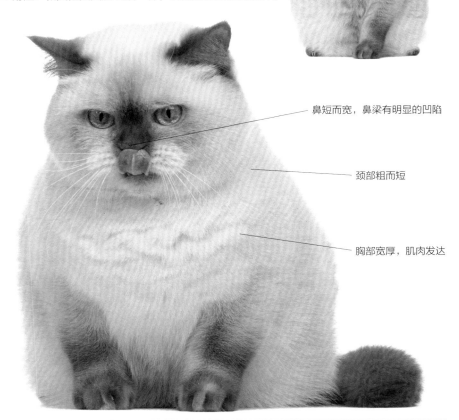

鼻短而宽，鼻梁有明显的凹陷

颈部粗而短

胸部宽厚，肌肉发达

长毛异种：乳黄重点色长毛猫	寿命：15 ～ 20 岁	个性：感情丰富

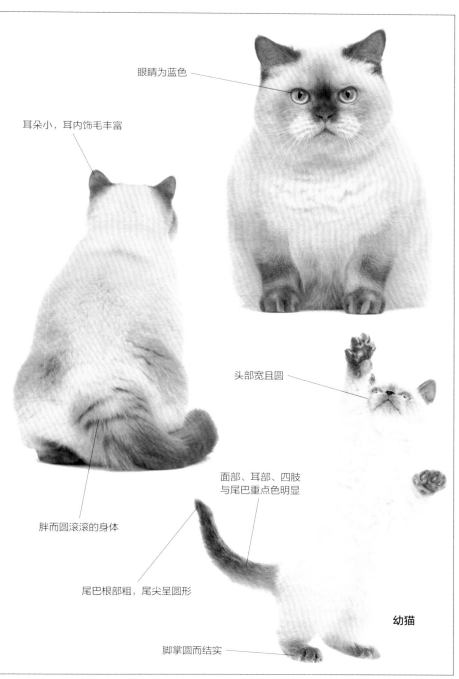

眼睛为蓝色

耳朵小，耳内饰毛丰富

头部宽且圆

面部、耳部、四肢
与尾巴重点色明显

胖而圆滚滚的身体

尾巴根部粗，尾尖呈圆形

幼猫

脚掌圆而结实

欧洲短毛猫

是英国短毛猫和美国短毛猫的类似品种，1982年才被认可为独立品种，此前它们被列入英国短毛猫之列。它们的外表与英国短毛猫相似但没有其血统，身体和脸比英国短毛猫稍长，被毛短而浓密，质地脆且易折断；性格警惕敏感，捕猎本领强，是捉鼠能手。但该品种没有得到英国GCCF（爱猫管理委员会）组织的承认。

原产国：意大利	品种：欧洲短毛猫
祖先：非纯种短毛猫	起源时间：1982年

白色猫

欧洲短毛猫的体形没有英国短毛猫结实，身体和四肢也更长且纤细，整体给人以轻快的感觉。

◎ 主要特征：被毛为纯白色，短而密，没有杂毛。脸圆，但是比英国短毛猫稍长。

◎ 饲养提示：主人要经常抱抱猫，或者经常和它说话，也可以将食物放在手上喂给猫，这样可以增进与猫之间的感情。

◎ 附注：欧洲短毛猫远不如它们的英国"亲戚"有名，但是这个品种血统中未与英国短毛猫种杂交，所以它们的分离是必然的。

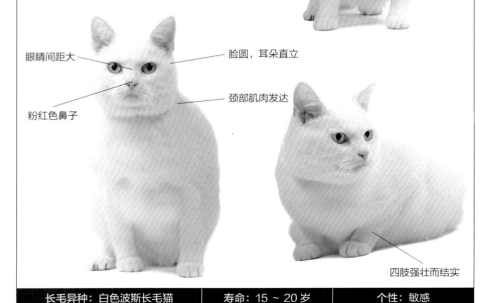

眼睛间距大

脸圆，耳朵直立

粉红色鼻子

颈部肌肉发达

四肢强壮而结实

长毛异种：白色波斯长毛猫	寿命：15～20岁	个性：敏感

原产国：意大利　　品种：欧洲短毛猫
祖先：非纯种短毛猫　　起源时间：1982 年

玳瑁色白色猫

　　欧洲短毛猫是在人们把欧洲的土猫当成一种品种的构想下诞生的，是目前仍在改良中的新品种。

◐ 主要特征：被毛上有三种颜色，分布在身体各处，被毛图案轮廓清晰。

◐ 饲养提示：欧洲短毛猫的舌面粗糙，有特殊的带倒刺的舌乳头，就像一把梳子。它们很爱干净，经常用舌头梳理清洁自己的毛发，因此主人要定期给猫喂吐毛剂。

◐ 附注：和英国短毛猫或美国短毛猫太形似，身体太大或太粗短，脸颊下垂，羊毛状的长毛都被认为是劣品。

耳尖微圆，也可是猞猁尖

眼睛大而圆

脸部带有面斑

被毛上有三种颜色，分布在身体各处

白毛区占被毛的 1/3 ～ 1/2

脚爪圆形有力

幼猫

长毛异种：玳瑁色和白色波斯长毛猫	寿命：15 ～ 20 岁	个性：敏感

棕色虎斑猫

　　欧洲短毛猫起源于欧洲大陆，虎斑状的欧洲短毛猫很常见，但是它们似乎并不太受人们欢迎。

◎ **主要特征：**身体基色为浅棕色，上面有较深的斑纹，鼻子为砖红色。

◎ **饲养提示：**生病的猫通常表现为无精打采、喜卧、眼睛无神或半闭，对声音或外来刺激反应迟钝。病情越重，反应就越弱，主人应注意及时带猫就医。

◎ **附注：**欧洲短毛猫四肢中等长度，雄猫体重可达 8 千克。

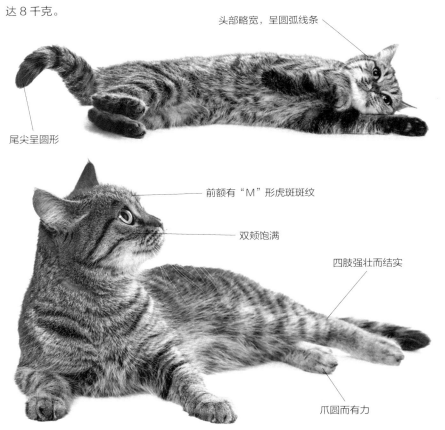

头部略宽，呈圆弧线条

尾尖呈圆形

前额有"M"形虎斑斑纹

双颊饱满

四肢强壮而结实

爪圆而有力

长毛异种：棕色虎斑波斯长毛猫	寿命：15 ～ 20 岁	个性：敏感

金色虎斑猫

　　欧洲大陆养猫已有 1000 多年的历史，并出现了许多非选择性培育的颜色品种。培育者正着重于把欧洲短毛猫培育成被毛图案轮廓清晰的品种。

◎ 主要特征：前额有明显"M"形虎斑，颈部有完整的颈圈，外形特征与其他欧洲短毛猫没有差别。

◎ 饲养提示：如果猫生病了，它们会有不同程度的厌食或拒食现象，这时要留心猫的饮水量，猫发热或腹泻脱水时饮水量会增加，但病重或严重衰弱时饮水量会减少。

◎ 附注：花纹清晰的虎斑猫更受人们喜欢。

头上有"M"形虎斑斑纹

耳朵间距大

前额稍圆

脸部较圆，双颊饱满

下巴圆而坚实

胸部宽且肌肉发达

四肢强壮而结实

长毛异种：金色虎斑波斯长毛猫	寿命：15 ~ 20 岁	个性：敏感

原产国：意大利　　品种：欧洲短毛猫
祖先：非纯种短毛猫　　起源时间：1982 年

银黑色虎斑猫

欧洲短毛猫强壮耐劳，适应能力强。它们的捕猎本领强，是捉鼠能手。

◎ 主要特征：黑色斑纹与银色底色对比清晰，沿脊背中心有一条细黑线纹蔓延而下，两侧均有不完整的线纹，尾部有环纹。

◎ 饲养提示：给猫洗澡的时候，最好选择比较温暖的地方，或者选择一天中最温暖的时候，以免猫感冒。洗澡动作要迅速，尽可能在短时间内洗完。

◎ 附注：欧洲短毛猫浑身充满朝气，聪明而警惕。

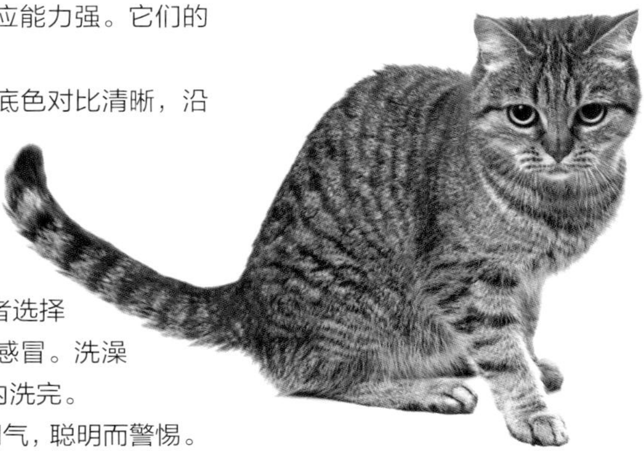

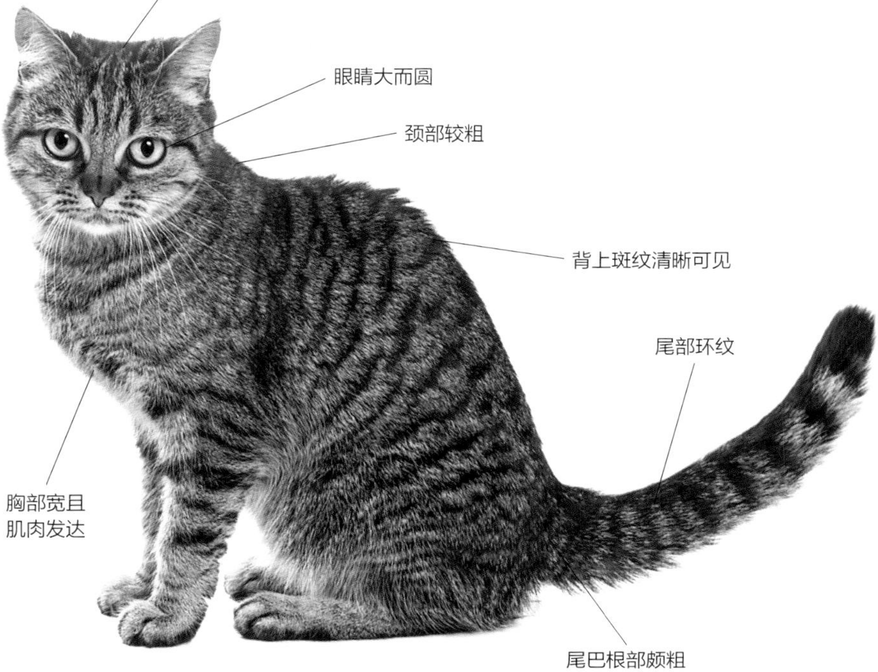
前额有“M”形虎斑斑纹
眼睛大而圆
颈部较粗
背上斑纹清晰可见
尾部环纹
胸部宽且肌肉发达
尾巴根部颇粗

长毛异种：银黑色虎斑波斯长毛猫	寿命：15 ~ 20 岁	个性：敏感

原产国：意大利　　　品种：欧洲短毛猫
祖先：非纯种短毛猫　　起源时间：1982 年

玳瑁色鱼骨状虎斑白色猫

　　这个种类的猫骨架粗，肌肉发达，身形也较英国短毛猫、美国短毛猫更纤细。

◎ **主要特征**：身上带有黑、红、白色斑块和不同的花纹，每只猫的斑纹也不同。

◎ **饲养提示**：猫出生后 4～8 周，生长发育较快，此时体重已达 0.5～1 千克，具备了独立生活的能力，这时是买猫的最佳时间。猫的年龄过大，就不容易与主人建立感情。

◎ **附注**：雌猫对主人很亲切，它们身强力壮，很少发生难产，幼猫生长发育也很快。

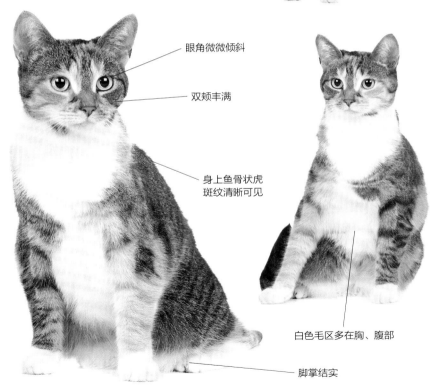

眼角微微倾斜

双颊丰满

身上鱼骨状虎斑纹清晰可见

白色毛区多在胸、腹部

脚掌结实

长毛异种：玳瑁色鱼骨状虎斑和白色波斯长毛猫	寿命：15～20 岁	个性：敏感

原产国：意大利　　品种：欧洲短毛猫
祖先：非纯种短毛猫　起源时间：1982 年

棕色标准虎斑猫

英国短毛猫也有此颜色品种，二者最明显的区别是，欧洲短毛猫的头略长，整体外观显得不那么矮胖。

◎ **主要特征**：身体基色为铜棕色，虎斑为黑色，颈部有完整颈圈。

◎ **饲养提示**：幼猫需要大量的营养和热量，所以幼猫必须食用经过特殊配方的优质猫粮。这类优质幼猫粮以肉类为主要原料，含有大量营养素，且容易消化。

◎ **附注**：欧洲短毛猫除了巧克力色、淡紫色和重点色以外，其他颜色也是人们可以接受的。

前额有"M"形虎斑斑纹

鼻子较短

头部宽且圆

两肋腹上有牡蛎状图案

颈部有完整的颈圈

四肢强壮有力

尾巴由根部到尾尖逐渐变细

长毛异种：棕色标准虎斑波斯长毛猫	寿命：15 ~ 20 岁	个性：敏感

东方短毛猫

19世纪晚期，暹罗猫被引入西方，其中有一些是单一颜色没有斑纹的，当时只有蓝色眼睛的暹罗猫才能参展。东方短毛猫继承了暹罗猫优雅修长的体形。如今，这个品种有单色猫和带斑纹图案的猫两类。另外，该品种还可培育出其他近400种颜色的猫。

原产国：英国　　　品种：东方短毛猫
祖先：暹罗猫交叉配种　起源时间：20世纪50年代

外来白色猫

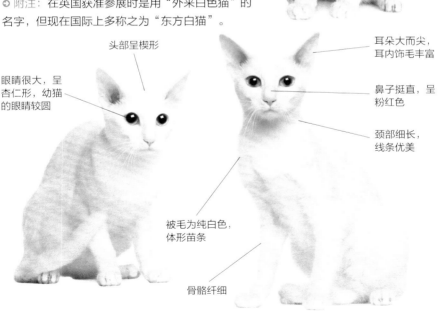

哈瓦那猫培育成功后，英国有人开始用暹罗猫和白色短毛猫交叉配种，于是就有了外来白色猫种。

◐ 主要特征：就外形而言，如今外来白色猫与暹罗猫已无法分别，只是被毛颜色上仍有差异。

◐ 饲养提示：给猫清除耳垢时，可以先用酒精棉球消毒外耳道，再用棉棒蘸取橄榄油或食用油，浸润干燥的耳垢，待其软化后，用镊子将耳垢取出，注意不要将耳道黏膜碰破。

◐ 附注：在英国获准参展时是用"外来白色猫"的名字，但现在国际上多称之为"东方白猫"。

头部呈楔形

眼睛很大，呈杏仁形，幼猫的眼睛较圆

耳朵大而尖，耳内饰毛丰富

鼻子挺直，呈粉红色

颈部细长，线条优美

被毛为纯白色，体形苗条

骨骼纤细

| 长毛异种：白色东方长毛猫 | 寿命：14～20岁 | 个性：活泼 |

外来蓝色猫

　　1972 年 CFA（国际爱猫联合会）认可了东方短毛猫这个品种，该品种目前仍属稀有品种。

◎ **主要特征**: 毛色为纯蓝色，没有任何白色杂毛，眼睛为绿色。

◎ **饲养提示**: 东方短毛猫十分喜欢亲近主人，并且它们的嫉妒心比较强，如果主人冷落它们的话，它们不但会吃醋，还可能会发脾气。

◎ **附注**: 它们性格活泼、外向，喜欢交际，爱"说话"，嗓音大，不喜欢孤独。

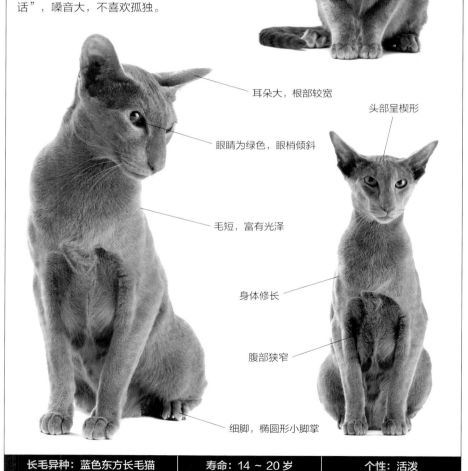

耳朵大，根部较宽

头部呈楔形

眼睛为绿色，眼梢倾斜

毛短，富有光泽

身体修长

腹部狭窄

细脚，椭圆形小脚掌

长毛异种：蓝色东方长毛猫	寿命: 14 ～ 20 岁	个性: 活泼

原产国：英国　　品种：东方短毛猫
祖先：非纯种短毛猫　　起源时间：20 世纪 50 年代

外来黑色猫

　　也有人认为：东方短毛猫是更为原始的品
种，而暹罗猫仅仅是它的一个重点
色的变种而已，它们都起源于泰国。

◑ 主要特征：身体颜色为纯黑色，成
年猫的身上没有铁锈色或灰色。

◑ 饲养提示：东方短毛猫是东方体形，也
就是瘦猫，所以主人要特别注意它们的食
量，不要让它们暴饮暴食，这样猫才能保持
纤细修长的好身材。

◑ 附注：它们的被毛乌黑油亮，又被称为"东
方乌木猫"。在现在饲养的东方短毛猫中历
史最悠久。

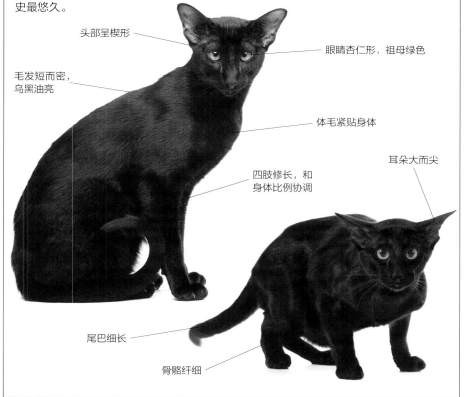

头部呈楔形

眼睛杏仁形，祖母绿色

毛发短而密，
乌黑油亮

体毛紧贴身体

耳朵大而尖

四肢修长，和
身体比例协调

尾巴细长

骨骼纤细

哈瓦那猫

　　1954 年该品种首次在英国展出时，因当时品种独特的体形尚未出现，而饱受"类似缅甸猫"的非难。但后来因出现半外国型的体形而获得美国的承认。

◎ **主要特征**：具有暹罗猫般纤细优雅的体形，眼睛为杏仁形，呈绿色。

◎ **饲养提示**：胡萝卜是很多猫的最爱，它富含的胡萝卜素在猫体内会部分转化为维生素 A，有清肝明目的功效。

◎ **附注**：美国哈瓦那猫的头比英国哈瓦那猫的头要短，脸要圆，而毛却较长；而且它们的体形是半矮脚马形的，不是肌肉发达的结实类型。

头部呈三角形

脸颊瘦削

耳朵很大，根部较宽

眼睛为绿色

鼻子挺直且较长

吻部细小，形状精致

腿细长

椭圆形小脚掌

长毛异种：棕色东方长毛猫	寿命：14 ~ 20 岁	个性：活泼

黑白猫

　　东方短毛猫体重一般为 4 ~ 6.5 千克，四肢修长，骨骼纤细，肌肉发达，体态优雅。

◎ 主要特征：全身比例适当，体态均匀，黑、白色毛区轮廓清晰，界限分明。

◎ 饲养提示：千万不要喂葡萄和葡萄干给猫吃，否则会导致猫发生呕吐和腹泻，出现急性肾功能衰竭，甚至导致死亡。

◎ 附注：东方短毛猫的适应能力很强，面对陌生的环境可以泰然处之，没有一丝恐惧。

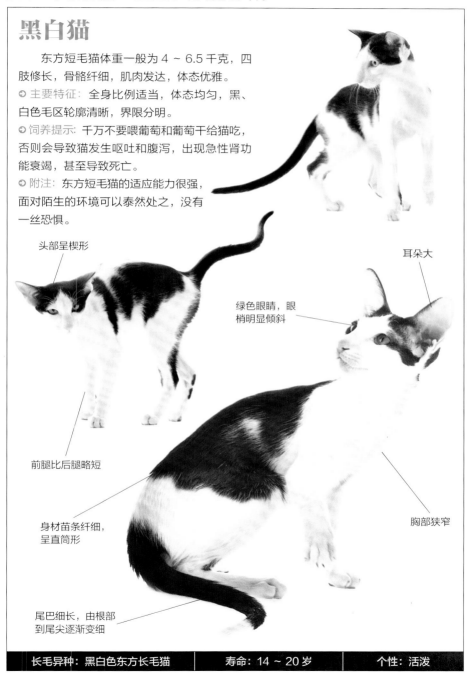

头部呈楔形

耳朵大

绿色眼睛，眼梢明显倾斜

前腿比后腿略短

身材苗条纤细，呈直筒形

胸部狭窄

尾巴细长，由根部到尾尖逐渐变细

| 长毛异种：黑白色东方长毛猫 | 寿命：14 ~ 20 岁 | 个性：活泼 |

棕色白色猫

　　这个品种的猫智商很高，是一般纯种猫所无法比拟的。它们天生好动，给人一种"游戏人生"的感觉。它们的外表颇具异国韵味，充满了神秘感。

○ 主要特征：棕色与白色分布均匀，且轮廓清晰，身体修长。

○ 饲养提示：其实并非所有的猫都爱吃鱼，不过鱼肉中富含猫所需的各种营养，尤其是对眼睛有益的牛磺酸，某些鱼肉中含有的 OMEGA-3 还能让猫拥有亮丽的皮毛。

○ 附注：头部圆、宽、过短，吻部短、宽，鼻终止或脸颊和鼻出现分界，耳小、耳间距太小，身体短而粗壮，腿短，被毛粗糙等均会被视为劣品。

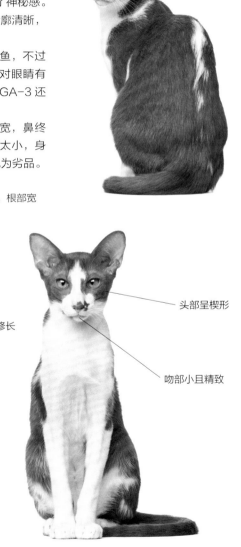

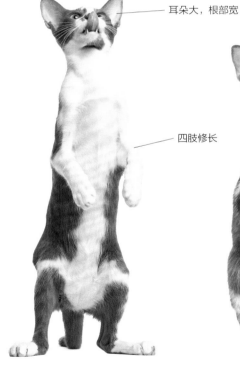

耳朵大，根部宽

四肢修长

头部呈楔形

吻部小且精致

长毛异种：棕色和白色东方长毛猫	寿命：14 ~ 20 岁	个性：活泼

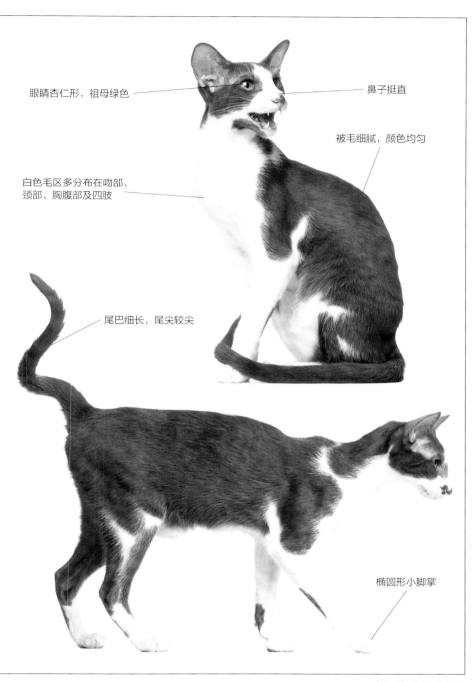

眼睛杏仁形，祖母绿色

鼻子挺直

被毛细腻，颜色均匀

白色毛区多分布在吻部、
颈部、胸腹部及四肢

尾巴细长，尾尖较尖

椭圆形小脚掌

玳瑁色白色猫

　　东方短毛猫不仅体形修长优雅，而且走起路来姿态雍容高贵，显得非常有教养。

◐ 主要特征：典型的玳瑁色图案明显，白色毛区分布在身体下部与吻部，脸上多有面斑。

◐ 饲养提示：主人宜每天陪爱猫做半个小时左右的游戏。这样，既可以增进你和猫的感情，又可以一起保持匀称的身材。

◐ 附注：东方短毛猫性成熟早，9 个月左右开始发情，而且频繁闹猫，比一般的猫高产。

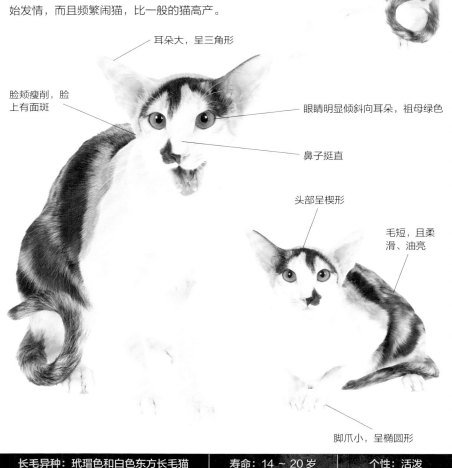

耳朵大，呈三角形

脸颊瘦削，脸上有面斑

眼睛明显倾斜向耳朵，祖母绿色

鼻子挺直

头部呈楔形

毛短，且柔滑、油亮

脚爪小，呈椭圆形

长毛异种：玳瑁色和白色东方长毛猫	寿命：14 ~ 20 岁	个性：活泼

原产国：英国　　　品种：东方短毛猫
祖先：非纯种短毛猫　　起源时间：20 世纪 50 年代

黑玳瑁色银白斑点猫

　　这个颜色品种的猫身上具有的虎斑纹及东方猫体形，在评审时往往比玳瑁图案斑纹更重要。

◉ 主要特征：身体的基色为较浅的蓝色，同时带有银色，身上的斑点是圆形，并且轮廓分明。头上有"M"形虎斑斑纹。

◉ 饲养提示：为东方短毛猫梳理时，可先用水将毛打湿，再进行揉搓，使被毛竖起，然后梳理。

◉ 附注：东方短毛猫活泼好动，好奇心强，喜欢攀高跳远和与人嬉戏，对主人忠心耿耿。

身上玳瑁图案明显

被毛浓密细腻，颜色均匀

头上有"M"形虎斑斑纹

尾巴细长柔软

头部呈楔形

耳大，耳尖较尖

眼睛为绿色，眼梢倾斜

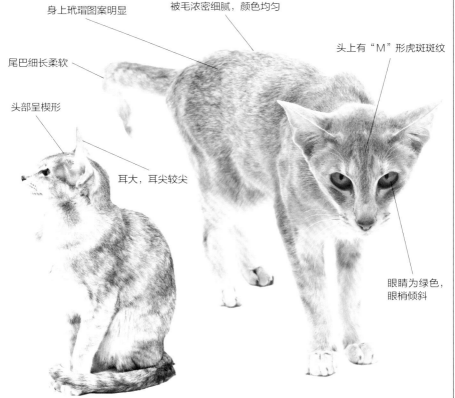

长毛异种：玳瑁黑色银白斑点东方长毛猫	寿命：14 ~ 20 岁	个性：活泼

原产国：英国　　　品种：东方短毛猫
祖先：非纯种短毛猫　起源时间：20世纪50年代

乳黄色斑点猫

　　1960年以后，英国刊物上可看到有关"外国短毛猫"的大量报道；1975年，美国才正式承认东方短毛猫这一品种。

◐ 主要特征：斑点颜色为深褐色，身体底色为浓乳黄色，斑点为间隔均匀的圆形。

◐ 饲养提示：喂养时所用的猫粮最好是固定品牌，如果需要为爱猫更换其他品牌的猫粮，一定要有一个过程。

◐ 附注：各种虎斑花色的东方短毛猫越来越受到更多美国人的喜爱。

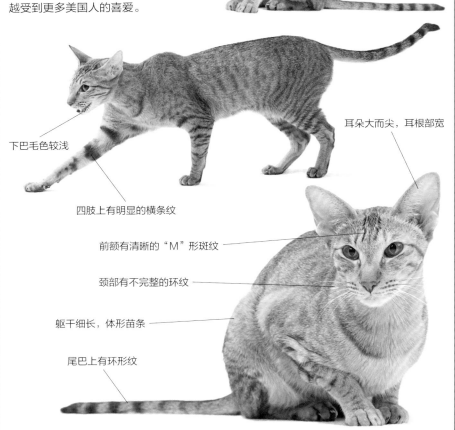

耳朵大而尖，耳根部宽

下巴毛色较浅

四肢上有明显的横条纹

前额有清晰的"M"形斑纹

颈部有不完整的环纹

躯干细长，体形苗条

尾巴上有环形纹

长毛异种：乳黄色斑点东方长毛猫	寿命：14～20岁	个性：活泼

原产国：英国　　　品种：东方短毛猫
祖先：非纯种短毛猫　　起源时间：20 世纪 50 年代

巧克力色猫

　　东方短毛猫和暹罗猫比起来，性格要显得沉静一些，但同样亲切且需要伴侣。

◎ 主要特征：体形苗条，被毛颜色为深巧克力色，没有杂毛，幼猫颜色较浅。

◎ 饲养提示：猫对气味很敏感，如果家里同时养了两只猫，洗澡时不能只给其中一只洗，那样会使没有洗澡的猫闻不出洗过澡的猫的气味，并因此拒绝与其玩耍。

◎ 附注：东方短毛猫被毛细短光滑，很容易保养。

头形长

吻部细小

四肢细长，肌肉结实

胸部肌肉发达

身体侧面轮廓成直线

尾巴细长柔软

全身被毛油亮光滑、毛色均匀

脸颊凹陷

长毛异种：巧克力色东方长毛猫	寿命：14 ~ 20 岁	个性：活泼

棕色虎斑猫

　　东方短毛猫的诞生是个意外。当初培育者为了得到纯白暹罗猫，便将白猫与暹罗猫配种，但它们的后代却显现出各色的遗传基因，诞生了多彩多姿的东方短毛猫。

⊙ 主要特征：身体底色为浓乳黄色，虎斑纹为深棕色，眼睛为绿色。

⊙ 饲养提示：东方短毛猫喜欢玩耍，特别是晚上。为了不打扰到家人休息，可从幼猫时期就对猫进行教导，将猫的玩耍时间提前到家人吃完晚饭后。

⊙ 附注：东方短毛猫的嘴唇和下巴上可能有白色毛区，但一般只限于这两个位置而已。

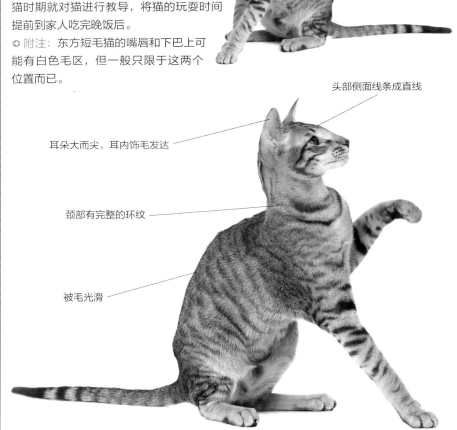

头部侧面线条成直线

耳朵大而尖，耳内饰毛发达

颈部有完整的环纹

被毛光滑

长毛异种：棕色虎斑东方长毛猫	寿命：14 ~ 20 岁	个性：活泼

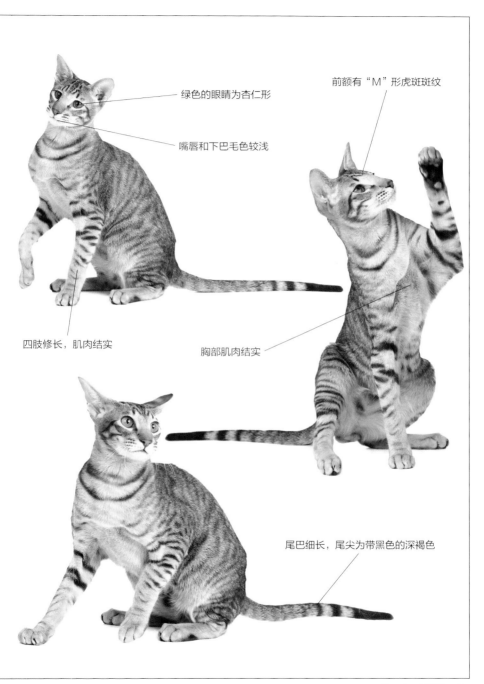

绿色的眼睛为杏仁形

嘴唇和下巴毛色较浅

前额有"M"形虎斑斑纹

四肢修长，肌肉结实

胸部肌肉结实

尾巴细长，尾尖为带黑色的深褐色

阿比西尼亚猫

又称埃塞俄比亚猫，也因步态优美被誉为"芭蕾舞猫"，英国人亦称它们为兔猫或球猫。阿比西尼亚猫体形苗条，被毛浓密，四肢细长，肌肉发达。头为楔形，眼睛大，呈金黄色、绿色和淡褐色。下巴、嘴唇及眼边缘有浅奶色条纹。由于具有这种条纹并且头上有许多斑点，使得阿比西尼亚猫很像小型美洲狮。

原产国：英国	品种：阿比西尼亚猫
祖先：非纯种斑纹毛色短毛猫	起源时间：19世纪60年代

淡紫色猫

有些人相信阿比西尼亚猫是最古老的土产猫之一，不过它们在1983年才得到英国猫协会的认可，目前属于流行的短毛品种。

◎ 主要特征：身体基色为暖色调的带粉红色的灰色，毛发上有同色的斑纹。

◎ 饲养提示：小猫身体抵抗力差，为了它的健康，要全面关注饲养小猫的环境，定时清洁小猫的窝。

◎ 附注：阿比西尼亚猫每次产仔在4只左右，刚出生的小猫毛色是黑色的，以后会一点点变淡。

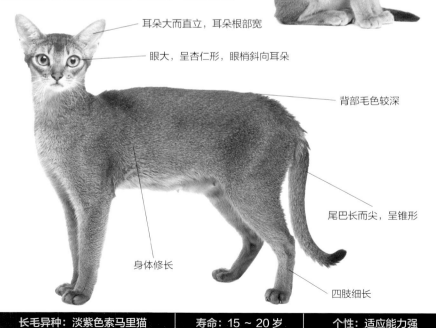

耳朵大而直立，耳朵根部宽

眼大，呈杏仁形，眼梢斜向耳朵

背部毛色较深

尾巴长而尖，呈锥形

身体修长

四肢细长

长毛异种：淡紫色索马里猫	寿命：15～20岁	个性：适应能力强

原产国：英国　　　　　品种：阿比西尼亚猫
祖先：非纯种斑纹毛色短毛猫　　起源时间：19世纪60年代

巧克力色猫

　　它们四肢细长，肌肉发达，躯干柔软灵活，尾巴、脚爪和虎斑猫相似，但身形体态与虎斑猫有差别。

◎ 主要特征：身体背部和后腿外侧为巧克力色，被毛色泽和斑纹均匀。

◎ 饲养提示：阿比西尼亚猫不喜欢被人抱，不要强迫它们。

◎ 附注：阿比西尼亚猫喜欢单独居住，非常喜欢爬树。它们有着悦耳的嗓音，就算处于发情期，也不会出现十分大的叫声。

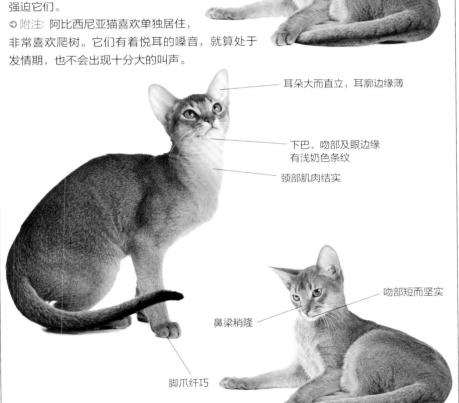

耳朵大而直立，耳廓边缘薄

下巴、吻部及眼边缘有浅奶色条纹

颈部肌肉结实

吻部短而坚实

鼻梁稍隆

脚爪纤巧

尾巴呈锥形

长毛异种：巧克力色索马里猫　　寿命：15～20岁　　个性：适应能力强

原产国：英国	品种：阿比西尼亚猫
祖先：非纯种斑纹毛色短毛猫	起源时间：19 世纪 60 年代

普通猫

　　阿比西尼亚猫体态优雅迷人，眼睛闪烁着金色光泽，是很受欢迎的短毛猫种。

◎ 主要特征：身体颜色为金棕色，毛根颜色稍发红，每根毛都有 2 ~ 3 道斑纹。

◎ 饲养提示：阿比西尼亚猫喜欢生活在比较宽敞的环境里，喜欢自由活动，不适合一直养在公寓里。

◎ 附注：传说现在的阿比西尼亚猫是古埃及被拜为"神圣之物"的古埃及猫的后裔，在保存下来的古埃及神猫的木乃伊中，有一种血红色的猫和它十分相像。因此，许多人认为它是古埃及神猫的直系后代。

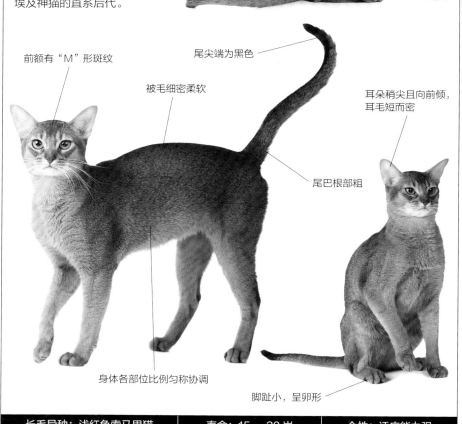

前额有"M"形斑纹

尾尖端为黑色

被毛细密柔软

耳朵稍尖且向前倾，耳毛短而密

尾巴根部粗

身体各部位比例匀称协调

脚趾小，呈卵形

长毛异种：浅红色索马里猫	寿命：15 ~ 20 岁	个性：适应能力强

柯尼斯卷毛猫

源自于英国康沃尔郡，最明显的特征是其形似搓衣板般卷曲的皮毛。猫的毛色多样，体形相对来说富有异国风情或东方格调。头部细小，呈楔形，头顶平，颊骨高，面颊轮廓分明，耳朵特别大。一般猫的被毛由三种毛发组成：长而粗的护毛，较细但厚实的芒毛和极细的绒毛。但是柯尼斯卷毛猫没有护毛，所以被毛很柔软。

原产国：英国　　　　　　　**品种：**柯尼斯卷毛猫
祖先：非纯种短毛猫　　　　**起源时间：**1950 年

乳白色猫

第一只柯尼斯卷毛猫是 1950 年出生于英国康沃尔郡某个农场的一只红白色小雄猫，其被毛呈波纹形，胡须也是卷曲的。兽医建议猫的主人用这只雄猫和它的母亲交配，结果又繁育出几只卷毛小猫，于是一项试验性育种计划便开始了。该品种于 1967 年首次被公认可参加猫展。

○ **主要特征：**身体修长健壮，耳朵比较大，耳根宽，末端为圆形。胡须和眉毛卷曲。

○ **饲养提示：**这种猫使用爪子就像是人使用手一样灵活，它们可以拿起小物品，有些还会转动门把手来开门。主人可在幼猫时期适当教导。

○ **附注：**被毛粗杂、不卷曲，尾巴扭曲的被视为劣品。

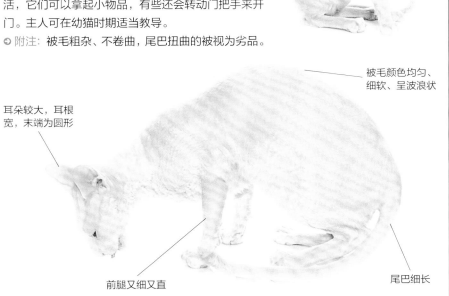

被毛颜色均匀、细软、呈波浪状

耳朵较大，耳根宽，末端为圆形

前腿又细又直

尾巴细长

长毛异种：无	寿命：13 ~ 18 岁	个性：顽皮、机灵、喜欢社交

白色猫

　　白色猫是单色柯尼斯卷毛猫中比较常见的颜色品种，也是比较受欢迎的颜色品种。

◉ 主要特征：身体细长健壮，肌肉发达；耳朵特别大，耳根宽，末端为圆形；眼睛大，为椭圆形，眼角稍吊；四肢细长且直；尾巴细长，密盖着一层卷毛。

◉ 饲养提示：它们的被毛较短，紧贴于身体，在严寒的天气或潮湿的环境中会感到不适，主人要注意为爱猫准备好温暖的窝。

◉ 附注：身体比较健康，母猫都很温顺。

幼猫

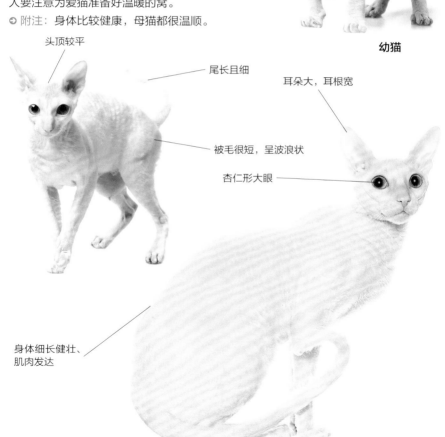

头顶较平

尾长且细

耳朵大，耳根宽

被毛很短，呈波浪状

杏仁形大眼

身体细长健壮、肌肉发达

长毛异种：无	寿命：13 ～ 18 岁	个性：顽皮、机灵、喜欢社交

浅蓝色白色猫

　　大概是被毛比较短的缘故，柯尼斯卷毛猫喜欢热并会尽量靠近热源，即使是夏天炎热的日子里，它们也喜欢晒太阳。

◐ 主要特征：身上灰蓝色的被毛深度较浅，一般在脸上会有同色斑块，很少一部分猫的斑纹图案是对称的，这被视为非常难得的猫。

◐ 饲养提示：用麦麸为爱猫洗澡有助于去除它们身上的多余油脂。

◐ 附注：柯尼斯卷毛猫有时会因被毛油脂分泌过旺而患脂溢性公猫尾，这主要出现在未阉割的公猫身上。

耳朵大且竖立

眉毛和胡须是卷曲的

脸上有面斑

全身被毛细软，触感柔滑

4 个月大的幼猫

尾巴细长

长毛异种：无	寿命：13 ~ 18 岁	个性：顽皮、机灵、喜欢社交

淡紫色白色猫

　　性格活泼、顽皮，和其他猫种不同，它们即使成年了也不会丧失对游戏的兴趣，仍会像幼猫一样乐于玩耍。

◎ 主要特征：被毛由淡紫色和白色两种颜色组成，两种色块轮廓清晰，界线分明。淡紫色是指带有粉红色的浅灰色。

◎ 饲养提示：柯尼斯卷毛猫食欲旺盛并且喜欢任何猫食，这会造成它们体重控制上的麻烦，主人要对它们的饮食加以控制。

◎ 附注：有些幼猫出生 1 周后，身上卷曲的被毛会变直甚至脱落，要到 2 ～ 5 个月后才会重新卷曲且终生不变。在此之前，区分一只柯尼斯卷毛猫最好的方法就是看它们的胡须，因为它们的胡须一直都是卷曲的。

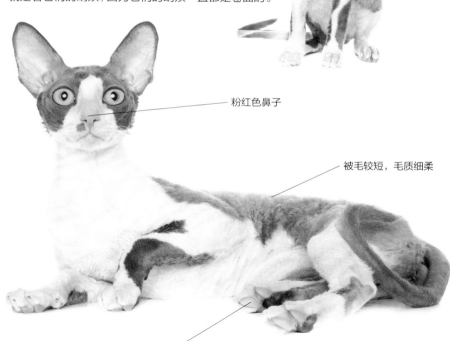

粉红色鼻子

被毛较短，毛质细柔

粉红色脚垫

长毛异种：无	寿命：13 ～ 18 岁	个性：顽皮、机灵、喜欢社交

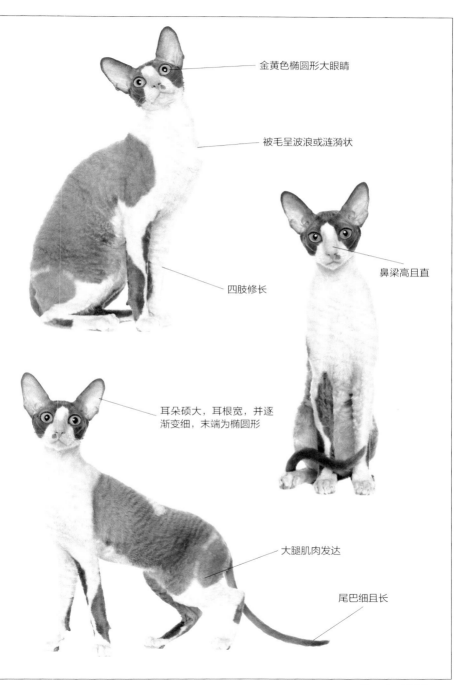

金黄色椭圆形大眼睛

被毛呈波浪或涟漪状

鼻梁高且直

四肢修长

耳朵硕大，耳根宽，并逐渐变细，末端为椭圆形

大腿肌肉发达

尾巴细且长

原产国：英国　　　　品种：柯尼斯卷毛猫
祖先：非纯种短毛猫　　起源时间：1950 年

黑色猫

　　在猫展中还能非常兴奋的猫很少，柯尼斯卷毛猫是这少数中的一员，它们非常喜欢人类，同时也喜欢参加社会活动。黑色猫凭借它们独特、显眼的被毛颜色，受到了人们的广泛欢迎。

◎ **主要特征：**漆黑的被毛衬托得眼睛更大、更明亮，身上被毛颜色纯正且无杂毛。

◎ **饲养提示：**它们喜欢与人为伴，爱撒娇。如果主人将它们关起来喂养，且不与它们经常接触，它们将失去生活的乐趣，毛色就会变得暗淡起来。

◎ **附注：**被毛长短参差不齐，会被认定为一种严重的缺陷。

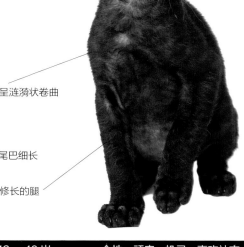

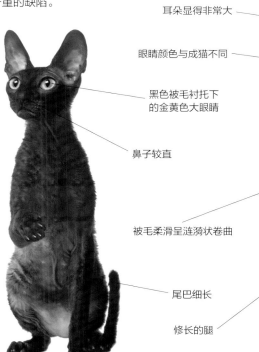

幼猫

耳朵显得非常大

眼睛颜色与成猫不同

黑色被毛衬托下的金黄色大眼睛

鼻子较直

被毛柔滑呈涟漪状卷曲

尾巴细长

修长的腿

长毛异种：无	寿命：13 ~ 18 岁	个性：顽皮、机灵、喜欢社交

德文卷毛猫

该品种猫于1967年得到公认并参加猫展，是继柯尼斯卷毛猫后被发现的又一种卷毛猫。1960年，在英国德文郡发现了一只卷毛猫，起初人们以为这种猫和柯尼斯卷毛猫有血缘关系，但是用它们交配生下的却都是直毛猫，这就证明它们是两种不同的基因，二者没有血缘关系。从表征上来看，德文卷毛猫的被毛更为卷曲，但触感上要粗糙一些。

原产国：英国　　**品种：德文卷毛猫**
祖先：非纯种短毛猫　　**起源时间：1960年**

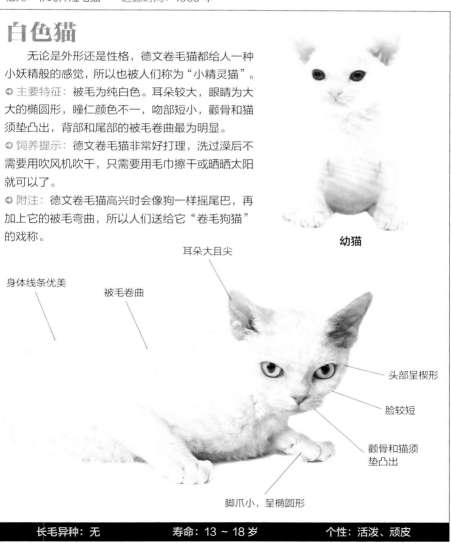

白色猫

无论是外形还是性格，德文卷毛猫都给人一种小妖精般的感觉，所以也被人们称为"小精灵猫"。

◉ 主要特征：被毛为纯白色。耳朵较大，眼睛为大大的椭圆形，瞳仁颜色不一，吻部短小，颧骨和猫须垫凸出，背部和尾部的被毛卷曲最为明显。

◉ 饲养提示：德文卷毛猫非常好打理，洗过澡后不需要用吹风机吹干，只需要用毛巾擦干或晒晒太阳就可以了。

◉ 附注：德文卷毛猫高兴时会像狗一样摇尾巴，再加上它的被毛弯曲，所以人们送给它"卷毛狗猫"的戏称。

幼猫

耳朵大且尖

身体线条优美

被毛卷曲

头部呈楔形

脸较短

颧骨和猫须垫凸出

脚爪小，呈椭圆形

长毛异种：无	寿命：13～18岁	个性：活泼、顽皮

乳黄色虎斑重点色猫

　　培育者用德文卷毛猫与缅甸猫、孟买猫、暹罗猫等品种进行杂交，培育出了各种颜色的猫，乳黄色虎斑重点色猫有暹罗猫典型的重点色特征。

◎ **主要特征**：被毛浓密卷曲，头部、四肢和尾巴上的虎斑斑纹清晰可见。

◎ **饲养提示**：德文卷毛猫活泼、顽皮，性喜自由，主人不要长期把猫关在笼中或狭小的空间里喂养。

◎ **附注**：不提倡用德文卷毛猫和柯尼斯卷毛猫杂交。

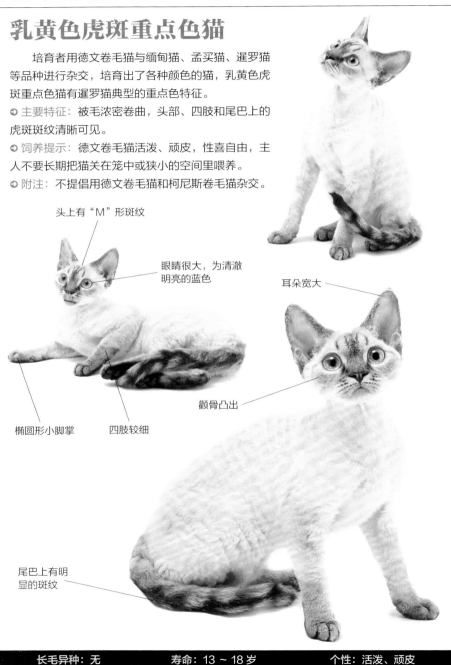

头上有"M"形斑纹

眼睛很大，为清澈明亮的蓝色

耳朵宽大

颧骨凸出

椭圆形小脚掌

四肢较细

尾巴上有明显的斑纹

长毛异种：无	寿命：13 ～ 18 岁	个性：活泼、顽皮

棕色虎斑猫

　　德文卷毛猫非常喜欢与人类接触、交朋友，和主人腻在一起，主人的胸口、脖子和肩膀都是它们喜欢停留的地方。

◎ 主要特征：体毛较短且卷曲，身上虎斑斑纹清晰。幼猫的被毛不如成猫浓密。

◎ 饲养提示：猫的食具要及时清理，最好能进行消毒处理，以保证猫的饮食健康与安全。

◎ 附注：德文卷毛猫不适合长期待在户外或寒冷、潮湿的环境。

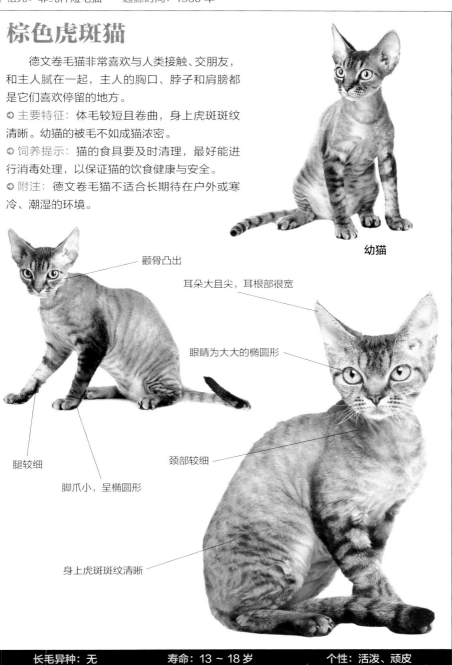

幼猫

颧骨凸出

耳朵大且尖，耳根部很宽

眼睛为大大的椭圆形

腿较细

颈部较细

脚爪小，呈椭圆形

身上虎斑斑纹清晰

长毛异种：无	寿命：13～18 岁	个性：活泼、顽皮

海豹色重点色猫

　　德文卷毛猫的被毛品质非常重要，不过一般幼猫要到 18 个月大的时候才能长好被毛。

◎ **主要特征**：身体底色为暖色调的黄褐色，重点色为较深的海豹褐色，二者对比鲜明。眼睛为明亮的蓝色。

◎ **饲养提示**：德文卷毛猫不需要主人频繁地为它洗澡，因为猫体表会分泌出一种保护皮肤层的油脂，过于频繁的洗澡容易破坏这层保护屏障，使猫的皮肤更易受到外界细菌的侵害。

◎ **附注**：除了被毛的品质之外，硕大的耳朵也是它们的标志性特征。

头大且圆

被毛厚密、卷曲，呈波浪状

骨架重、肌肉发达，身体显得有些胖

| 长毛异种：无 | 寿命：13 ~ 18 岁 | 个性：活泼、顽皮 |

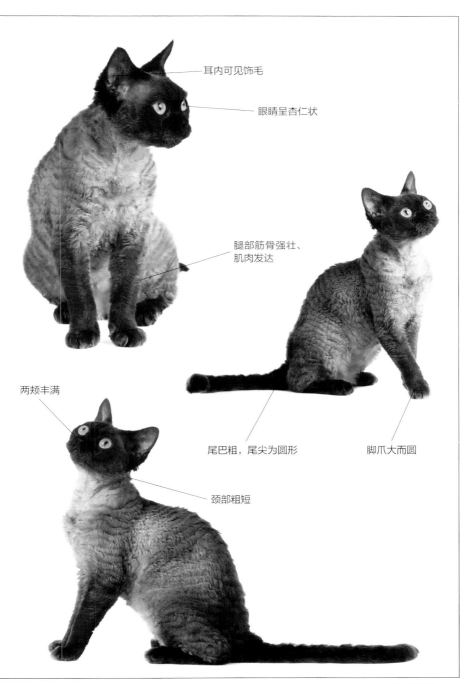

耳内可见饰毛

眼睛呈杏仁状

腿部筋骨强壮、肌肉发达

两颊丰满

尾巴粗，尾尖为圆形

脚爪大而圆

颈部粗短

黑白猫

　　在猫展上，德文卷毛猫面对外界的嘈杂，并不感到害怕，而是兴奋地向外观察。

● 主要特征：黑色毛区和白色毛区轮廓清晰，界限明显。如图，幼猫的耳朵显得非常大。

● 饲养提示：经常为猫梳理毛发，可以减少污垢的堆积，也可以减少毛发结球后再梳理的麻烦。

● 附注：它们感情非常丰富，样子淘气活泼，是很好的宠物和伙伴。

头部呈楔形

耳朵又大又尖，耳位较低

脸较短

眼睛呈椭圆形

被毛卷曲，短且细密

尾呈锥形，根部较粗

身体肌肉结实

长毛异种：无	寿命：13 ～ 18 岁	个性：活泼、顽皮

彼得秃猫

　　彼得秃猫最初被叫作无毛斯芬克斯猫，之后，人们发现这种猫是完全与斯芬克斯猫不同的，于是就为它取名为彼得秃猫。1998年，彼得秃猫第一次从俄罗斯来到了美国。彼得秃猫是无毛的东方品种猫，不过它们并不是真正无毛，它们的毛很幼细而且紧贴皮肤。通常它们的皮肤带有皱纹，特别是头部。

原产国：俄罗斯	品种：彼得秃猫
祖先：非纯种短毛猫	起源时间：1993年

白色猫

　　彼得秃猫是2005年被新认定的稀有猫种，它们脾气很好，在某些方面很像狗，比如对待主人忠诚，容易与人亲近。

◯ 主要特征：东方型体形，线条优美。被毛稀疏幼细，紧贴皮肤。皮肤带有皱纹。

◯ 饲养提示：彼得秃猫被毛稀疏幼细，所以它们对温度的变化很敏感，它们既怕冷，也怕热，还特别怕晒。

◯ 附注：它们的皮肤容易晒黑，不可以让猫长时间在阳光下暴晒。

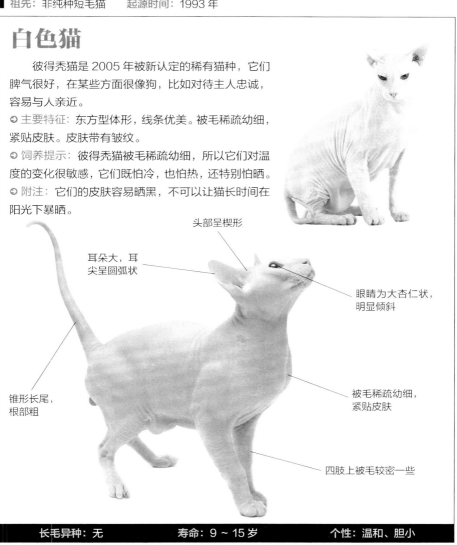

头部呈楔形

耳朵大，耳尖呈圆弧状

眼睛为大杏仁状，明显倾斜

锥形长尾，根部粗

被毛稀疏幼细，紧贴皮肤

四肢上被毛较密一些

长毛异种：无	寿命：9~15岁	个性：温和、胆小

蓝白猫

彼得秃猫的皮肤温暖而柔软，它们的体温比其他品种的猫稍高一些。

◎ 主要特征：皮肤有皱纹，被毛为稀疏幼细的绒毛，长度只有 1 ~ 5 毫米。

◎ 饲养提示：如果没有给猫配餐的经验，最好使用由宠物护理专家专门研制的猫粮，这样可以为猫提供均衡的营养。

◎ 附注：彼得秃猫的幼猫身上皱纹更多，更明显。

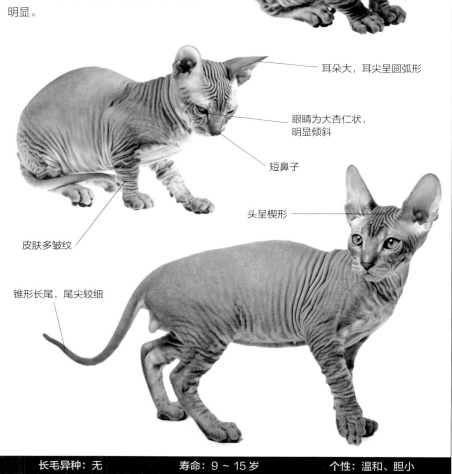

耳朵大，耳尖呈圆弧形

眼睛为大杏仁状，明显倾斜

短鼻子

头呈楔形

皮肤多皱纹

锥形长尾，尾尖较细

长毛异种：无	寿命：9 ~ 15 岁	个性：温和、胆小

原产国：俄罗斯　　品种：彼得秃猫
祖先：非纯种短毛猫　　起源时间：1993 年

乳黄色白色猫

　　彼得秃猫是一种长相奇特的猫，它的奇特不仅在于看起来几乎没有毛，皮肤带有皱纹，还在于独特的蹼足。

◎ 主要特征：耳朵很大，耳根部宽，头部皱纹最为明显，身体细长。

◎ 饲养提示：彼得秃猫耳朵很大，非常容易堆积脏东西，需要主人定期为爱猫做好清理工作。

◎ 附注：除了折耳猫以外，多数猫的耳朵是向上直立的。当猫愤怒或受到惊吓时，耳朵会贴向后方。

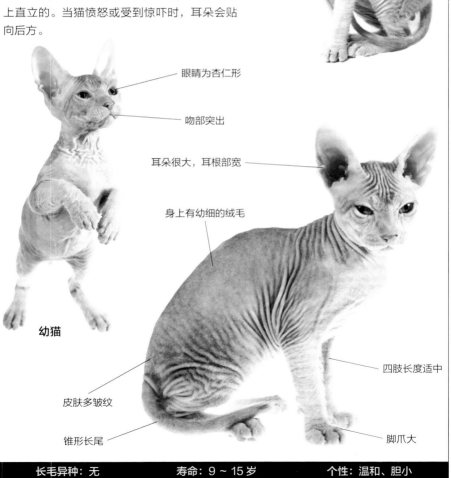

眼睛为杏仁形

吻部突出

耳朵很大，耳根部宽

身上有幼细的绒毛

幼猫

四肢长度适中

皮肤多皱纹

锥形长尾

脚爪大

长毛异种：无	寿命：9 ～ 15 岁	个性：温和、胆小

原产国：俄罗斯　　品种：彼得秃猫
祖先：非纯种短毛猫　　起源时间：1993 年

乳黄色斑点猫

这种颜色的彼得秃猫颇受人们喜爱，是彼得秃猫中较为常见的一种。

主要特征： 前额有斑纹，身体上斑点界限分明，没有相互掺杂。

饲养提示： 猫是夜间活动的动物，为了补充精力，它们的睡眠时间比其他动物要长。猫睡觉的时候不要强迫它活动。

附注： 猫每天的睡眠时间在 12 个小时以上，部分猫的睡眠时间甚至可以达到 20 个小时。

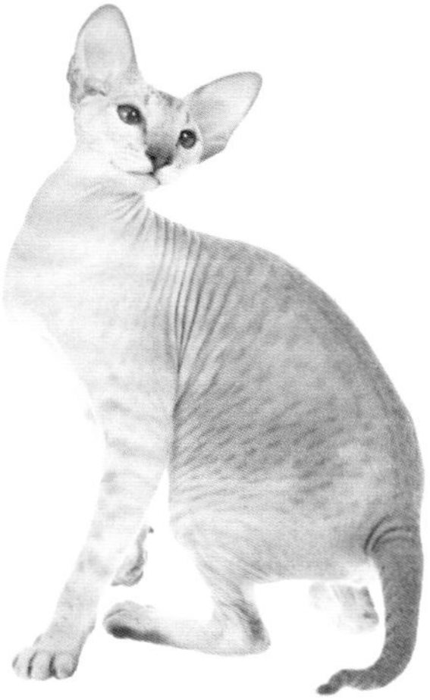

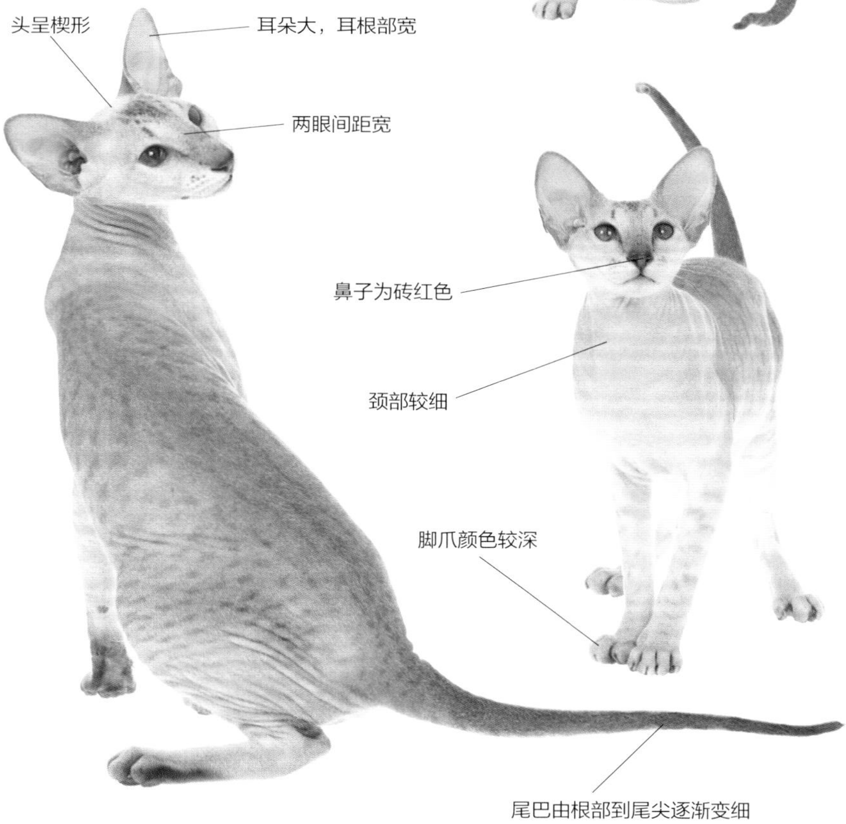
头呈楔形
耳朵大，耳根部宽
两眼间距宽
鼻子为砖红色
颈部较细
脚爪颜色较深
尾巴由根部到尾尖逐渐变细

长毛异种：无　　寿命：9 ~ 15 岁　　个性：温和、胆小

苏格兰折耳猫

苏格兰折耳猫是一种耳朵有基因突变的猫种。这种猫在耳朵的软骨部分有一个折，使耳朵向前屈折，并指向头的前方。这种猫最初在苏格兰被发现，以它的发现地和身体特征而命名。苏格兰折耳猫有长毛和短毛两种，首先获得承认的是短毛折耳猫，现在这些猫在展示界很有影响力。

原产国：英国	品种：苏格兰折耳猫
祖先：非纯种短毛猫	起源时间：1951 年

巧克力色猫

对于苏格兰折耳猫，现在的评定标准中明确指出：尾巴不能又短又无弹性，四肢不能过粗。

◉ 主要特征：体形矮胖，被毛短而有光泽，颜色为深巧克力色，身上没有斑纹。

◉ 饲养提示：为了防止耳骨变形，不允许折耳猫进行同种交配繁殖，可以和立耳的英国短毛猫或美国短毛猫交配繁殖。

◉ 附注：幼猫刚出生时耳朵并不是折着的，3 ~ 4 周大时耳朵才开始下折，也有一部分一直都不会下折，直到小猫 11 ~ 12 周大的时候，繁育者才能大致判断出它们的品相。

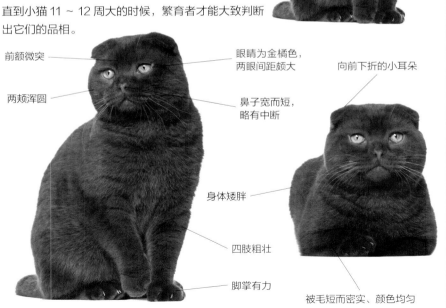

前额微突

两颊浑圆

眼睛为金橘色，两眼间距颇大

鼻子宽而短，略有中断

向前下折的小耳朵

身体矮胖

四肢粗壮

脚掌有力

被毛短而密实、颜色均匀

长毛异种：巧克力色长毛苏格兰折耳猫	寿命：13 ~ 15 岁	个性：安静

原产国：英国   品种：苏格兰折耳猫
祖先：非纯种短毛猫   起源时间：1951 年

蓝色猫

　　苏格兰折耳猫是优秀的猎手。它们虽然比较贪玩，但个性温和，是很好的伙伴。

● 主要特征：体形矮胖，毛色均匀，被毛浓密厚实，富有弹性。

● 饲养提示：折耳猫日常用的猫窝和猫砂盆需要经常放在太阳下晒晒，这样可以起到很好的杀菌作用。

● 附注：折耳猫下折的耳朵是少有的基因突变。因为过去有生出畸形猫的事情发生，所以有一段时期在英国它们被禁止繁殖。

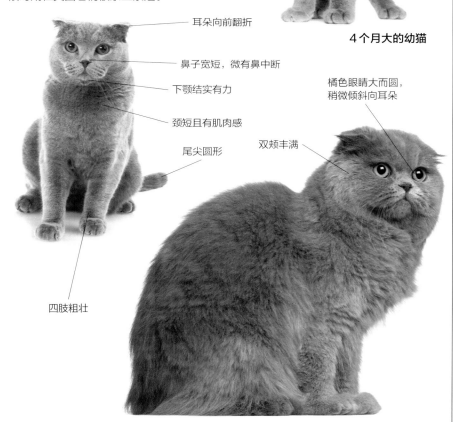

4 个月大的幼猫

耳朵向前翻折

鼻子宽短，微有鼻中断

下颚结实有力

颈短且有肌肉感

尾尖圆形

橘色眼睛大而圆，稍微倾斜向耳朵

双颊丰满

四肢粗壮

长毛异种：蓝色长毛苏格兰折耳猫   寿命：13 ~ 15 岁   个性：安静

淡紫色猫

　　苏格兰折耳猫于 1973 年在美国被接纳注册，1984 年才被英国猫协会承认。

◎ 主要特征：被毛为带粉红色的紫灰色，颜色深度均匀。折下的耳朵指向前方，或者向下折，耳尖指向鼻子。

◎ 饲养提示：苏格兰折耳猫喜欢亲近主人，所以不要让它长时间单独留在家中。

◎ 附注：有人担心这种耳形会使猫的耳朵发炎，其实这种说法是毫无根据的。

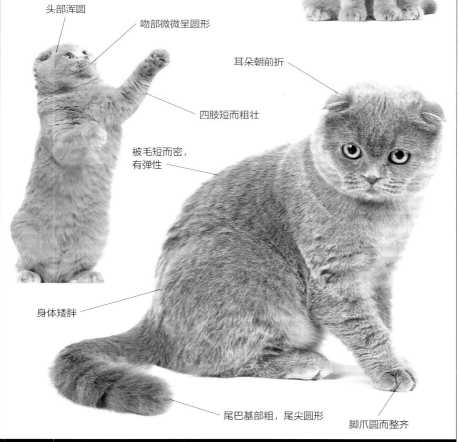

头部浑圆

吻部微微呈圆形

耳朵朝前折

四肢短而粗壮

被毛短而密，
有弹性

身体矮胖

尾巴基部粗，尾尖圆形

脚爪圆而整齐

长毛异种：淡紫色长毛苏格兰折耳猫　　　　寿命：13 ～ 15 岁　　　　个性：安静

黑白猫

　　苏格兰折耳猫非常能吃苦耐劳，它们乐意与人为伴，不过它们一般会用特有的安静方式来表达。

◐ 主要特征：四肢短而粗壮，身体肥胖、浑圆，耳朵向前屈折。或者耳朵向下折，耳尖指向鼻子。

◐ 饲养提示：折耳猫耳朵分泌物较多，每周 2 次用滴耳油清洁，使耳道内保持干爽，可以避免细菌和寄生虫的滋生。

◐ 附注：苏格兰折耳猫性格特别平和，对其他的猫和狗都很友好。它们温柔、有爱心，感情丰富，非常珍惜家庭生活。

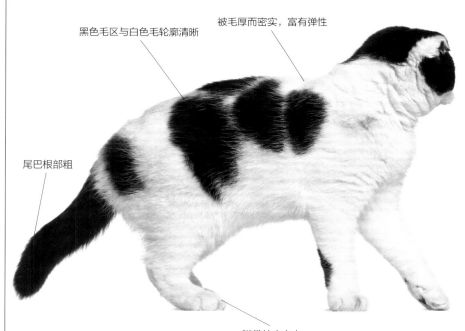

黑色毛区与白色毛轮廓清晰

被毛厚而密实，富有弹性

尾巴根部粗

脚掌结实有力

长毛异种：黑白长毛苏格兰折耳猫	寿命：13 ~ 15 岁	个性：安静

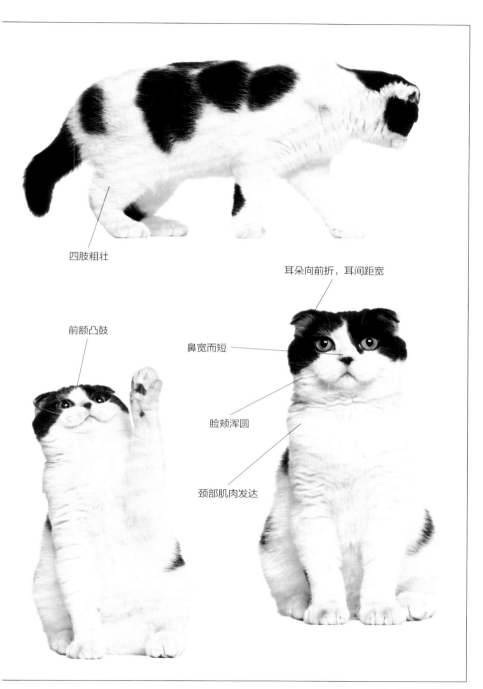

四肢粗壮

耳朵向前折，耳间距宽

前额凸鼓

鼻宽而短

脸颊浑圆

颈部肌肉发达

原产国：英国　　　品种：苏格兰折耳猫
祖先：非纯种短毛猫　　起源时间：1951 年

黑色猫

　　同英国短毛猫配种所得的苏格兰折耳猫，和与美国短毛猫配种所得的苏格兰折耳猫相比，黑色猫眼睛更圆，被毛也更浓密。

◐ 主要特征：黑色深且富有光泽，身上没有斑纹和白色杂毛。

◐ 饲养提示：2 ~ 7 周是猫的社交敏感时期。主人要让小猫及早学习，这样能培养它们的良好生活和行为习惯。

◐ 附注：苏格拉折耳猫外观迷人，目前很受人们追捧，不过它们在国外要比在家乡苏格兰常见。

头部浑圆

两颊丰满

耳朵朝前折

吻部微微呈圆形

颈部短

身体矮胖

11 周大的幼猫

脚爪圆而整齐

四肢短而粗壮

尾尖圆形

长毛异种：黑色长毛苏格兰折耳猫	寿命：13 ~ 15 岁	个性：安静

沙特尔猫

沙特尔猫历史很悠久，在1558年的史料上已有所记载。据记载这个古老的法国品种是格勒诺布尔附近的大沙特勒斯修道院的卡修西安修士培育出来的。历史上有一段时间，它们因为被毛格外美丽而被饲养来剥皮用，经历过一段濒临绝种的悲惨历史。直到1970年左右，它们才传到美国。

原产国：法国　　品种：沙特尔猫
祖先：非纯种短毛猫　　起源时间：14世纪

蓝灰猫

沙特尔猫是法国传统品种，与俄罗斯蓝猫、英国蓝猫合称“世界三大蓝猫”。

● 主要特征：被毛为纯蓝灰色，没有杂毛，银色毛尖使被毛富有光泽。体形较粗大，长得很结实、稍胖，成年猫的体重可达7千克。

● 饲养提示：这种猫生命力很强，在寒冷地区和室外环境饲养有利于保持它们羊毛般质感的被毛，但太多的阳光照射会导致棕色重点色的出现。

● 附注：幼猫出生时眼睛为蓝色，慢慢成长后变成棕色，最后变为金黄色或橙黄色。它们成熟较晚，2～3岁时才发情。

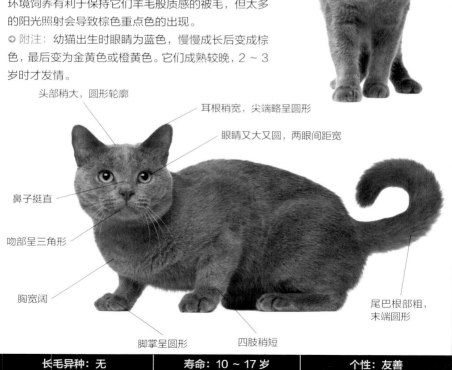

头部稍大，圆形轮廓
耳根稍宽，尖端略呈圆形
眼睛又大又圆，两眼间距宽
鼻子挺直
吻部呈三角形
胸宽阔
尾巴根部粗，末端圆形
脚掌呈圆形
四肢稍短

长毛异种：无	寿命：10～17岁	个性：友善

第二章
亚洲猫

亚洲猫是指原产国位于亚洲的猫。
本章所选猫的品种有土耳其梵猫，
如乳黄色猫；土耳其安哥拉猫，
如白色猫；暹罗猫，如蓝色重点色猫；
伯曼猫，如海豹玳瑁色重点色猫；
新加坡猫，如黑褐色猫；缅甸猫，
如褐玳瑁色猫、巧克力色猫等。

伯曼猫

伯曼猫传说最早是由古代缅甸寺庙里的僧侣所饲养，被视为护殿神猫。事实上，伯曼猫于 18 世纪传入欧洲，最早在法国被确定为固定品种，紧接着在英国也注册了。伯曼猫属于中大型猫，体形较长，肌肉结实，四肢中等长度，脚爪大而圆，被毛长而幼细。它们个性温和，非常友善，叫声悦耳，喜欢与人做伴，对其他猫也十分友好。

原产国： 缅甸　　**品种：** 伯曼猫
祖先： 非纯种猫　　**起源时间：** 不详

乳黄重点色猫

近期培育出来的较新品种，整体颜色较浅，颜色对比不如重点色较深的那些品种清楚，但脚掌上的白色毛区依然很明显。

◉ **主要特征：** 身体不是纯白色，而是略带点金色，重点色块的颜色为乳黄色。成猫整个面部都有该颜色。

◉ **饲养提示：** 不要给猫吃太多动物肝脏，以免维生素 A 摄入过多而引起肌肉僵硬、骨骼和关节病变以及肝脏肿大等疾病。

◉ **附注：** 伯曼猫和短毛缅甸猫之间没有关联。

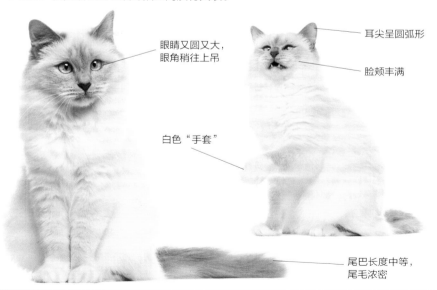

眼睛又圆又大，眼角稍往上吊

耳尖呈圆弧形

脸颊丰满

白色"手套"

尾巴长度中等，尾毛浓密

短毛异种：无	寿命：10 ~ 15 岁	个性：温柔、友善、聪明

淡紫重点色猫

　　重点色伯曼猫的脸、耳、腿和尾等部位重点色块部分毛色较深，躯干毛色较浅。四爪为白色，被称为"四脚踏雪"。被毛长而细，且不易粘连。

◎ **主要特征**：体色并不是纯白色，重点色是柔和的带粉红的浅灰色。眼睛大而圆，为海蓝色，眼神清澈。

◎ **饲养提示**：生性非常爱干净，需要主人注意帮助爱猫做好清洁和护理工作。

◎ 附注：生性活泼、非常顽皮。

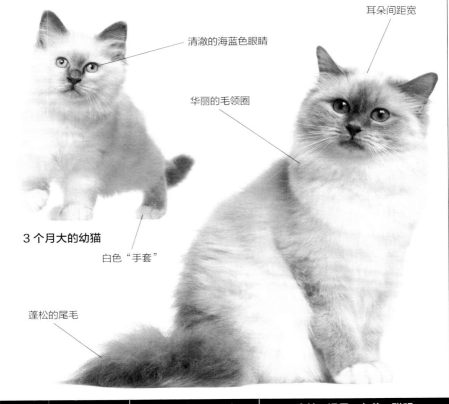

清澈的海蓝色眼睛

耳朵间距宽

华丽的毛领圈

3 个月大的幼猫

白色"手套"

蓬松的尾毛

短毛异种：无	寿命：10 ～ 15 岁	个性：温柔、友善、聪明

蓝色重点色猫

　　蓝色指的是较接近灰色的灰蓝色，而不是纯蓝色，因为其实这种颜色是黑色的淡化色。

◉ **主要特征：** 体色不是纯白色，而是略带蓝色。成猫的重点色块颜色较深。

◉ **饲养提示：** 如果给猫洗澡时用的沐浴用品不当，会引起皮肤病和产生脱毛现象，后果甚至比自然脱落更严重。因此，最好使用专门的宠物浴液来给它们洗澡。

◉ **附注：** 伯曼猫喜欢玩耍，但喜欢在地上活动，并不热衷于跳跃及攀爬。

被毛顺滑

清澈的蓝色眼睛又大又圆

白色"手套"

脸颊丰满

幼猫

短毛异种：无	寿命：10～15岁	个性：温柔、友善、聪明

原产国：缅甸　　品种：伯曼猫
祖先：非纯种猫　　起源时间：不详

海豹色重点色猫

　　和海豹重点色布偶猫长得比较像，但是掌握它们各自的特点，从体形大小、性格特征、身体部位和毛发颜色等方面进行区分对比即可辨别。

◎ 主要特征：身体的底色是灰褐色，重点色是深海豹褐色，鼻子也是深海豹褐色。背部的被毛有着亮闪闪的金光，公猫更为明显。

◎ 饲养提示：猫的饮食以肉类为主，但如果只给猫喂肉类食品，会导致它们矿物质和维生素摄入不均，进而引发代谢紊乱。

◎ 附注：第二次世界大战期间，伯曼猫在欧洲差点绝种。

深海豹褐色的鼻子

幼猫

耳朵略向前倾

身体长而且粗壮

尾毛浓密

白色"手套"

| 短毛异种：无 | 寿命：10～15岁 | 个性：温柔、友善、聪明 |

原产国：缅甸　　品种：伯曼猫
祖先：非纯种猫　　起源时间：不详

巧克力色重点色猫

　　是伯曼猫中颜色较深的一种，身体上可能有些渐层色，尤其是成年猫，但这种渐层色应与重点色颜色协调，身体颜色要和重点色颜色形成十分明显的对比。

◎ **主要特征**：重点色是奶油巧克力色，鼻子也是巧克力色，前额较扁，外形和其他伯曼猫没有区别。

◎ **饲养提示**：伯曼猫温文尔雅，非常友善，喜欢与主人玩耍，它们一旦在新环境中获得了安全感，便会流露出其善良的本性。

◎ **附注**：被毛很细长，但不易缠结，比较容易梳理。

11 个月大的幼猫

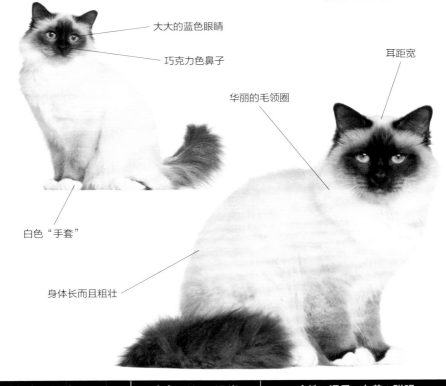

大大的蓝色眼睛

巧克力色鼻子

耳距宽

华丽的毛领圈

白色"手套"

身体长而且粗壮

短毛异种：无	寿命：10 ～ 15 岁	个性：温柔、友善、聪明

海豹玳瑁色重点色猫

　　要培育出有玳瑁图案的伯曼猫非常困难。

◎ **主要特征：** 身体是淡黄褐色，而在背部或体侧逐渐变成暖色调的棕色或红色，脸上有斑纹，重点色是几种颜色交织而成的。

◎ **饲养提示：** 伯曼猫非常爱干净，所以要为它准备一个通风舒适的猫窝，并定期打扫卫生，以保证环境的清洁。

◎ **附注：** 这个颜色的品种培育出来的只有母猫。

11 个月大的幼猫

头部宽圆适中

清澈的蓝眼睛

脸颊丰满

面部有斑纹

被毛细长丰满

短毛异种：无	寿命：10 ～ 15 岁	个性：温柔、友善、聪明

红色重点色猫

　　属于伯曼猫族群中的新成员，毛色非常
漂亮。

◎ 主要特征：身体为乳黄色，略带金色，重点
色块的颜色为偏金色调的橘红色，鼻子为粉红色。

◎ 饲养提示：这类猫的毛长而多，它们自己的清
理能力有限，需要主人帮它清洗，但洗澡的次数
也不能太频繁，夏季每月2次、冬季每月1次即可。

◎ 附注：如果猫脸上稍有些雀斑，比如在鼻子或
耳朵上等，其实并不是严重的缺陷。

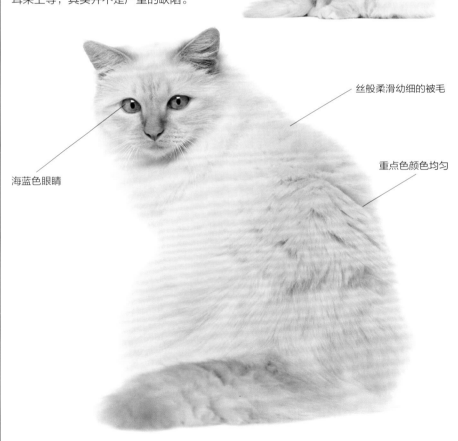

丝般柔滑幼细的被毛

重点色颜色均匀

海蓝色眼睛

| 短毛异种：无 | 寿命：10 ~ 15岁 | 个性：温柔、友善、聪明 |

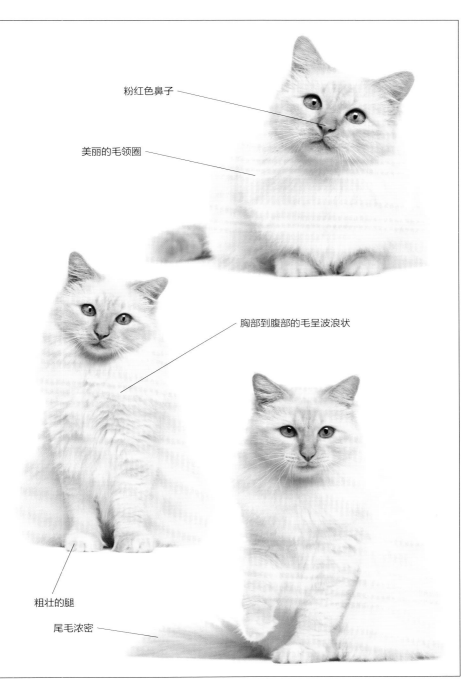

粉红色鼻子

美丽的毛领圈

胸部到腹部的毛呈波浪状

粗壮的腿

尾毛浓密

海豹玳瑁色虎斑重点色猫

被毛上可以同时看见玳瑁图案和典型的虎斑图案，斑纹是如何分布的并不重要。

◎ 主要特征：头上有明显的虎斑，身体是淡黄褐色，这种体色程度不等地在背部和侧腹部交织成棕色或红色。

◎ 饲养提示：伯曼猫温顺友好，开朗活泼，渴求主人的宠爱，喜欢与主人玩耍，在天气晴朗时可以带它到庭院或花园里散步。

◎ 附注：鼻子的颜色是斑驳的粉红色和较深色斑纹的结合。

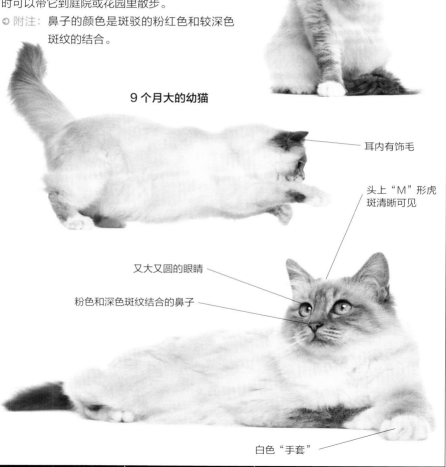

9 个月大的幼猫

耳内有饰毛

头上"M"形虎斑清晰可见

又大又圆的眼睛

粉色和深色斑纹结合的鼻子

白色"手套"

短毛异种：无	寿命：10 ～ 15 岁	个性：温柔、友善、聪明

海豹色虎斑重点色猫

颜色对比鲜明是伯曼猫的重要特征，虎斑重点色猫仍然保持这一特征。

◎ 主要特征：虎斑非常明显。浅米色的体毛带有明显的金黄色，与重点色块的海豹深褐色斑纹形成鲜明对比。

◎ 饲养提示：注意猫的饮食，不要给它们吃过咸的食物，盐分过高是它们掉毛的重要原因之一。

◎ 附注：要培育出尾巴上斑纹良好的猫还很困难。

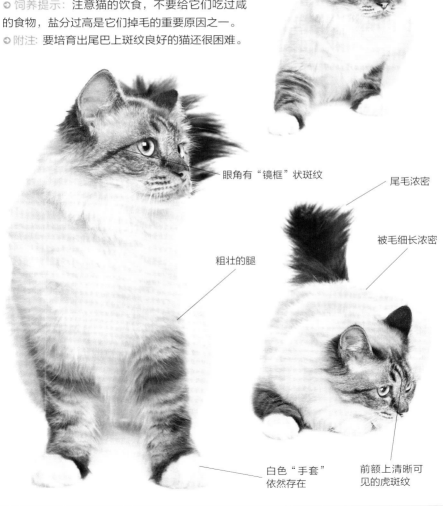

眼角有"镜框"状斑纹

尾毛浓密

被毛细长浓密

粗壮的腿

白色"手套"依然存在

前额上清晰可见的虎斑纹

| 短毛异种：无 | 寿命：10～15岁 | 个性：温柔、友善、聪明 |

土耳其梵猫

　　源于土耳其的梵湖地区，由土耳其安哥拉猫基因突变而成。体形长而健壮，中长度长毛，全身除头耳部和尾部有乳黄色或红褐色斑纹外，其余部分被毛白而发亮，没有杂毛，有些猫局部会带有"拇指痕"，多出现在背部。喜欢游泳，被毛沾湿后可以迅速风干，主人为它洗澡时，它会表现出极大的兴趣。生性活泼机敏，叫声柔和。

原产国： 土耳其　　　　**品种：** 土耳其梵猫
祖先： 非纯种本地猫　　**起源时间：** 17 世纪

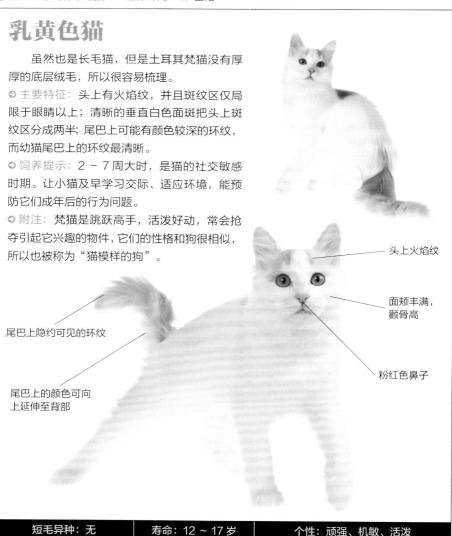

乳黄色猫

　　虽然也是长毛猫，但是土耳其梵猫没有厚厚的底层绒毛，所以很容易梳理。

◉ **主要特征：** 头上有火焰纹，并且斑纹区仅局限于眼睛以上；清晰的垂直白色面斑把头上斑纹区分成两半；尾巴上可能有颜色较深的环纹，而幼猫尾巴上的环纹最清晰。

◉ **饲养提示：** 2～7周大时，是猫的社交敏感时期。让小猫及早学习交际、适应环境，能预防它们成年后的行为问题。

◉ **附注：** 梵猫是跳跃高手，活泼好动，常会抢夺引起它兴趣的物件，它们的性格和狗很相似，所以也被称为"猫模样的狗"。

头上火焰纹

面颊丰满，
颧骨高

粉红色鼻子

尾巴上隐约可见的环纹

尾巴上的颜色可向
上延伸至背部

短毛异种：无	寿命：12～17 岁	个性：顽强、机敏、活泼

土耳其安哥拉猫

　　土耳其安哥拉猫是最古老的长毛猫品种之一，取名于土耳其首都安卡拉之旧称——安哥拉。土耳其安哥拉猫头部稍圆，杏仁形眼，耳大直立，从耳朵长出的饰毛很具特色；背部起伏较大，四肢长而细，脚趾长满饰毛；尾毛蓬松，有时尾巴一直能伸到头后脑；优雅柔顺的外表，散发着流畅的动感美，其动作相当敏捷，独立性强，不喜欢被人捉抱。

原产国: 土耳其	**品种**: 土耳其安哥拉猫	
祖先: 非纯种长毛猫	**起源时间**: 15 世纪	

白色猫

　　白色是土耳其安哥拉猫的传统颜色。

⊙ **主要特征**: 身材修长，四肢长而细，全身被毛为白色，没有杂毛。脸为"V"形，耳朵末端尖，但底部稍宽。眼睛为漂亮的杏仁形，一般为蓝色、金黄色或琥珀色。

⊙ **饲养提示**: 土耳其安哥拉猫有三层眼皮，如果它们长时间地露出第三层眼皮，那么很可能是它们的健康出现了问题，主人应及时把猫送去医院接受诊疗。

⊙ **附注**: 土耳其的民间传说中有这样一种说法: 土耳其国父凯末尔逝世后转世为一只聋耳的白色土耳其安哥拉猫。

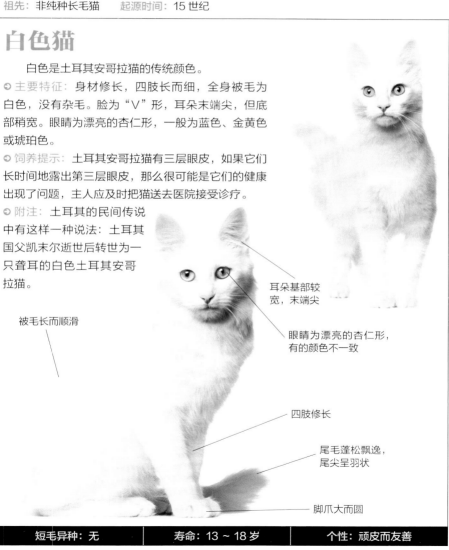

被毛长而顺滑

耳朵基部较宽，末端尖

眼睛为漂亮的杏仁形，有的颜色不一致

四肢修长

尾毛蓬松飘逸，尾尖呈羽状

脚爪大而圆

短毛异种: 无	**寿命**: 13～18 岁	**个性**: 顽皮而友善

暹罗猫

又称泰国猫，最早被饲养在泰国皇室和大寺院中，曾一度是鲜为人知的宫廷"秘宝"。它们有着流线型的修长身材，四肢、躯干、颈部和尾巴均细长且比例均衡。暹罗猫生性活泼好动，聪明伶俐，动作敏捷，气质高雅，相貌不凡。19世纪末，它们被作为外交礼物由泰国皇家国会送给英国和美国，引起公众的兴趣。

原产国： 泰国	**品种：** 暹罗猫	
祖先： 非纯种短毛猫	**起源时间：** 14世纪	

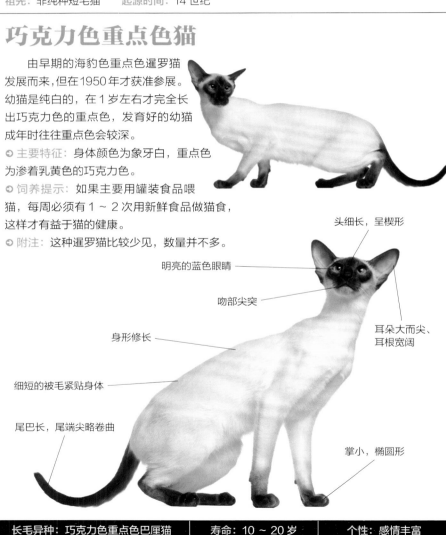

巧克力色重点色猫

由早期的海豹色重点色暹罗猫发展而来，但在1950年才获准参展。幼猫是纯白的，在1岁左右才完全长出巧克力色的重点色，发育好的幼猫成年时往往重点色会较深。

◎ **主要特征：** 身体颜色为象牙白，重点色为渗着乳黄色的巧克力色。

◎ **饲养提示：** 如果主要用罐装食品喂猫，每周必须有1～2次用新鲜食品做猫食，这样才有益于猫的健康。

◎ **附注：** 这种暹罗猫比较少见，数量并不多。

头细长，呈楔形

明亮的蓝色眼睛

吻部尖突

耳朵大而尖、耳根宽阔

身形修长

细短的被毛紧贴身体

尾巴长，尾端尖略卷曲

掌小，椭圆形

长毛异种：巧克力色重点色巴厘猫	寿命：10～20岁	个性：感情丰富

蓝色重点色猫

这个颜色品种是传统暹罗猫之一，从 20 世纪 30 年代起至今，一直广受人们的欢迎。

◎ 主要特征：重点色为淡蓝色，背部的白色逐渐变成淡蓝色。如果和其他颜色品种的暹罗猫交配，其身体颜色变深，而重点色会变为石板灰色。

◎ 饲养提示：暹罗猫对寒冷很敏感，它们喜欢舒适的公寓生活。

◎ 附注：据说蓝色重点色猫是暹罗猫中最温柔、感情最丰富的颜色品种。

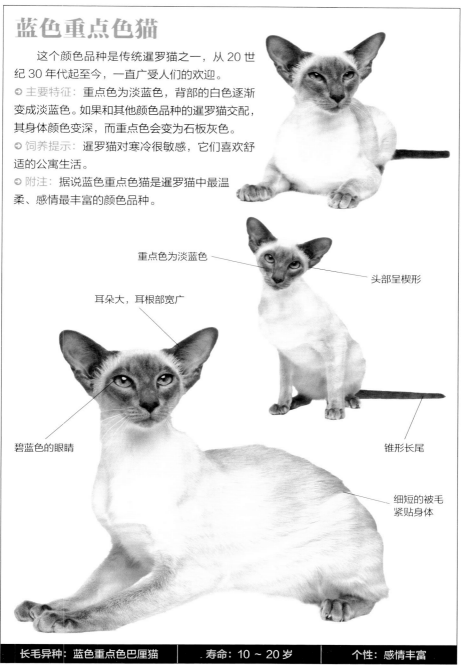

重点色为淡蓝色

头部呈楔形

耳朵大，耳根部宽广

碧蓝色的眼睛

锥形长尾

细短的被毛紧贴身体

| 长毛异种：蓝色重点色巴厘猫 | 寿命：10 ~ 20 岁 | 个性：感情丰富 |

淡紫色重点色猫

最早出现在 1896 年英国的一次猫展览中，当时它们因为重点色"不够蓝"而被淘汰。它们是四种典型的暹罗猫之一，是蓝色重点色的变种，1955 年才得到认可。

◉ 主要特征：重点色为带粉红色的灰色，身体为奶白色，眼睛为蓝色。

◉ 饲养提示 黏人的暹罗猫忌妒心强是出了名的，拥有一副大嗓门的它，发起脾气时会非常吵闹。

◉ 附注：这个颜色品种的暹罗猫很受女孩子们的喜爱。

耳朵大而尖、耳根宽阔

头部细长，呈楔形

眼睛为蓝色

身体修长

骨骼纤细

幼猫

掌小，椭圆形

腿细长

| 长毛异种：淡紫色重点色巴厘猫 | 寿命：10 ～ 20 岁 | 个性：感情丰富 |

海豹色重点色猫

　　这个颜色品种是传统暹罗猫之一，20 世纪
30 年代引入美国，而后传布世界各地，受到各
国养猫爱好者的欢迎。

◎ 主要特征：重点色为深褐色，腹部颜色较浅，
背部和肋腹部颜色的深浅与年龄成正比。

◎ 饲养提示：高龄的宠物更喜欢安逸的生活，
不应强迫它们做不喜欢的事。

◎ 附注：此种暹罗猫是暹罗猫中最知名的一种，
体态优雅，十分高贵。

被毛短而细腻、光亮

头骨较平

鼻子长而直

头部呈楔形

吻部细长

眼睛为碧蓝色

锥形长尾

長毛异种：海豹重点色巴厘猫　　　寿命：10 ~ 20 岁　　　个性：感情丰富

海豹色虎斑重点色猫

从 20 世纪开始，暹罗猫已成为欧美地区最受欢迎的猫品种之一。这个颜色品种在北美地区多被称为"山猫重点色暹罗猫"。

◐ 主要特征：头部呈楔形，褐色虎斑清晰。额上和两颊有深色斑纹。眼睛为明亮的碧蓝色。

◐ 饲养提示：如果猫老是叫，可能是因为饥渴，也可能是因为孤独，主人应尽可能多抽时间陪伴它。如果猫的耳垢太多，它会不停地摇头搔耳，主人应及时请兽医诊治。

◐ 附注：在泰国，人们公认暹罗猫是拥有最高贵灵魂的生灵。所以在泰国，它们常被当作神殿的守护之神。

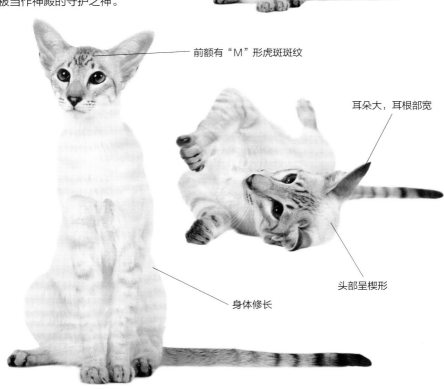

前额有"M"形虎斑斑纹

耳朵大，耳根部宽

头部呈楔形

身体修长

| 长毛异种：海豹虎斑重点色巴厘猫 | 寿命：10 ~ 20 岁 | 个性：感情丰富 |

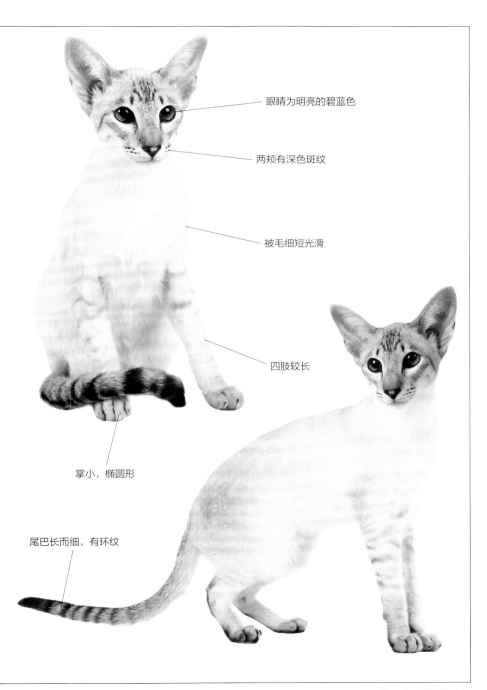

眼睛为明亮的碧蓝色

两颊有深色斑纹

被毛细短光滑

四肢较长

掌小，椭圆形

尾巴长而细，有环纹

克拉特猫

该天然品种于 14 世纪初形成。它在泰国的克拉特省被人们视为好运的象征，名称也由此得来。19 世纪在英国展出过引进的克拉特猫，但并没有取得成功，因为人们认为它只不过是长着蓝色被毛的暹罗猫而已。美国的育种专家于 1959 年开始了该品种的育种工作，1966 年和 1969 年，该品种先后得到了 CFA（国际爱猫联合会）和 TICA（国际猫协会）的承认。

■ 原产国：泰国　品种：克拉特猫
■ 祖先：未知　起源时间：14 世纪初

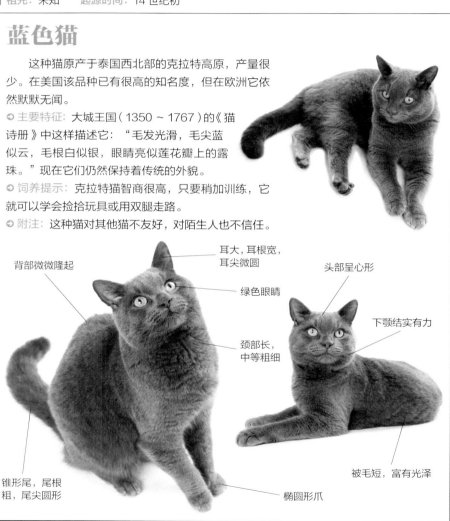

蓝色猫

这种猫原产于泰国西北部的克拉特高原，产量很少。在美国该品种已有很高的知名度，但在欧洲它依然默默无闻。

◐ 主要特征： 大城王国（1350 ~ 1767）的《猫诗册》中这样描述它："毛发光滑，毛尖蓝似云，毛根白似银，眼睛亮似莲花瓣上的露珠。"现在它们仍然保持着传统的外貌。

◐ 饲养提示： 克拉特猫智商很高，只要稍加训练，它就可以学会捡拾玩具或用双腿走路。

◐ 附注： 这种猫对其他猫不友好，对陌生人也不信任。

背部微微隆起

耳大，耳根宽，耳尖微圆

头部呈心形

绿色眼睛

下颚结实有力

颈部长，中等粗细

锥形尾，尾根粗，尾尖圆形

椭圆形爪

被毛短，富有光泽

长毛异种：无	寿命：9 ~ 15 岁	个性：顽皮

缅甸猫

被毛光滑，性格温柔、顽皮。眼珠颜色应为金色、金橘色或琥珀色，纯种的缅甸猫在遗传学上不可能有蓝色或蓝绿色眼睛。缅甸猫分两种：美国缅甸猫和英国缅甸猫。英国缅甸猫显得小一些，而美国缅甸猫则较强壮。目前，这个品种的颜色种类正在不断增加，缅甸猫受到了越来越多爱猫者的追捧。

原产国：泰国　　　　**品种：缅甸猫**
祖先：非纯种短毛猫　　起源时间：15 世纪

蓝色猫

1955 年，首次在一窝缅甸猫中发现了一只蓝色的小猫，它引起了人们的注意，并被取名为"海豹皮蓝色怪猫"。

◎ 主要特征：被毛颜色为柔和的暗银灰色，脚、脸和耳朵上富有比较明显的银色光泽。

◎ 饲养提示：缅甸猫的某些行为有些像狗，很多缅甸猫都能像狗那样把东西叼回来。主人可以在猫幼年时期有意识地稍加训练。

◎ 附注：缅甸猫非常依赖人。

眼睛为金橘色，眼梢稍吊

耳朵微前倾

脸颊丰满

被毛短而密，富有光泽

锥形尾巴

胸部圆

足掌为茶色

长毛异种：蓝色蒂法尼猫	寿命：13 ~ 18 岁	个性：顽皮

黄褐色猫

　　通常，各种颜色的缅甸猫幼猫毛色都比较浅，也会略带虎斑。

◉ 主要特征：被毛基色为乳黄色，面部、耳朵和尾巴的颜色较深，眼睛金黄色。

◉ 饲养提示：雌性缅甸猫喜欢成为人们注意力的中心，如果被主人忽视，它们通常会很生气。

◉ 附注：原本缅甸猫只有像貂皮一样的褐色，但经多年的品种改良后，现在已经产生了很多不同的毛色。

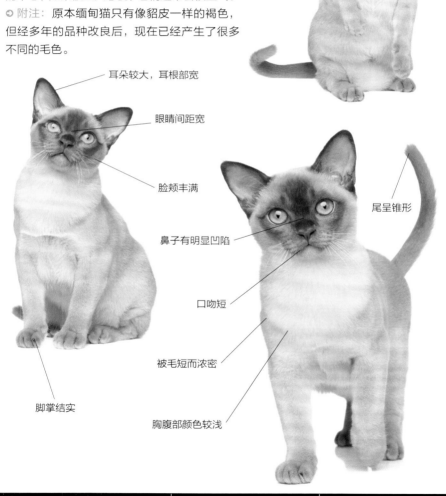

耳朵较大，耳根部宽

眼睛间距宽

脸颊丰满

尾呈锥形

鼻子有明显凹陷

口吻短

被毛短而浓密

脚掌结实

胸腹部颜色较浅

| 长毛异种：黄褐色蒂法尼猫 | 寿命：13 ~ 18 岁 | 个性：顽皮 |

原产国：泰国　　　　品种：缅甸猫
祖先：非纯种短毛猫　起源时间：15 世纪

褐玳瑁色猫

　　和其他品种的玳瑁猫一样，大部分是母猫，公猫一般无生育能力。

○ **主要特征：** 和其他颜色品种的缅甸猫长相没有区别。被毛颜色为褐色和红色夹杂的颜色，身上没有宽条纹。

○ **饲养提示：** 带缅甸猫适当做一些户外运动，更有利于它们的健康，也可以增进你与猫的感情。

○ **附注：** 缅甸猫的嗓音细微、柔和，让人难以拒绝。

眼睛间距宽

耳朵较大，耳根部宽

眼睛为金黄色或橘色

鼻有明显凹陷

吻部短

胸腹部颜色较浅

脚掌结实

被毛短而浓密

尾呈锥形

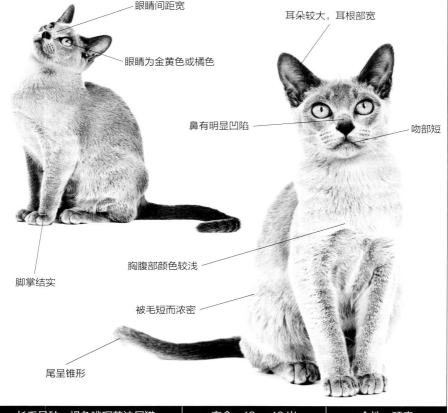

| 长毛异种：褐色玳瑁蒂法尼猫 | 寿命：13 ~ 18 岁 | 个性：顽皮 |

原产国：泰国　　　品种：缅甸猫
祖先：非纯种短毛猫　　起源时间：15世纪

棕色猫

缅甸猫的体重偏重，通常被形容为"包在丝绸里的砖"。这种猫以体形紧凑、头形偏圆的为最佳，常常出现在猫展中。

◎ **主要特征**：成猫的被毛颜色为很深的海豹褐色，毛色均匀，无花色。颈部、胸部和腹部颜色较浅。

◎ **饲养提示**：天气晴朗的时候，应让猫多晒太阳，特别是正在成长发育中的幼猫，因为阳光中的紫外线不仅有消毒杀菌功能，还能促进钙的吸收，有利于骨骼生长发育，防止幼猫患上佝偻病。

◎ **附注**：大部分的缅甸猫都能习惯坐汽车出行。

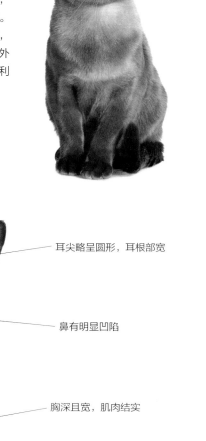

眼睛圆且大，为金黄色

耳尖略呈圆形，耳根部宽

鼻有明显凹陷

胸深且宽，肌肉结实

长毛异种：棕色蒂法尼猫	寿命：13～18岁	个性：顽皮

体形紧实、肌肉发达

整体的椭圆形脚掌

颈部和胸腹部颜色较浅

中等长度的尾巴，不扭结

四肢粗壮，长度与躯干相协调

巧克力色猫

　　缅甸猫很爱叫，而且它们的叫声柔和。它们喜欢与人一起生活，跟主人感情深厚，对人类活动也很有兴趣。巧克力色缅甸猫也被称为"香槟色缅甸猫"。

⊙ **主要特征**：被毛呈暖巧克力牛奶色，胸腹部毛色较浅，身上没有任何斑纹。

⊙ **饲养提示**：缅甸猫的被毛光滑如缎，几乎不需要梳理，它们性格亲切友善，很适合有小朋友的家庭喂养。

⊙ **附注**：缅甸猫较早熟，约 5 个月大时就开始发情，7 个月大时就可交配产仔。

幼猫

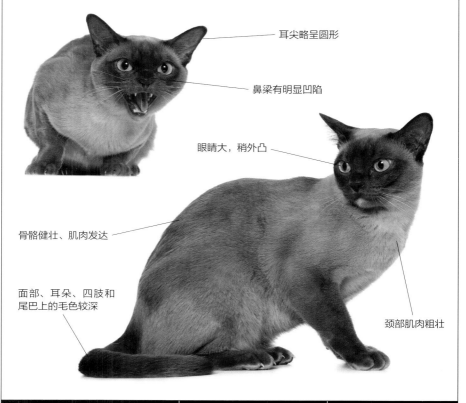

耳尖略呈圆形

鼻梁有明显凹陷

眼睛大，稍外凸

骨骼健壮、肌肉发达

面部、耳朵、四肢和尾巴上的毛色较深

颈部肌肉粗壮

长毛异种：巧克力色蒂法尼猫	寿命：13 ~ 18 岁	个性：顽皮

新加坡猫

是目前公认的所有猫品种中体形最幼小的猫种。它们本是浪迹于新加坡街头巷尾，到处游荡、藏身于阴沟下水道里的猫，所以也叫"阴沟猫"。1970 年，一对美国的爱猫夫妇在新加坡发现了这种猫，并将它们带回美国开始繁育。1979 年，这一品种得到了公认，并与新加坡这一地名相联系，取名"新加坡猫"。

原产国：新加坡	品种：新加坡猫
祖先：非纯种斑纹短毛猫	起源时间：20 世纪 70 年代

黑褐色猫

新加坡猫体形非常娇小，但是优雅漂亮，它们性格文静，很有好奇心，对主人非常忠诚。

◎ 主要特征：暖色调的"古象牙"底色上有黑褐色斑纹，身体下方的毛色较浅。幼猫看上去被毛较长。

◎ 饲养提示：这种猫的个性跟小孩一样，跟它玩耍是件很有趣的事，可以去宠物店为猫买些玩具，也可以自己动手为它做几个。

◎ 附注：一般成年雌猫不足 2 千克，最重的雄猫也极少有超过 2.5 千克的。

被毛短而服帖

肌肉结实

耳朵大而宽阔，耳端尖

毛色比较浅，且看上去被毛较长

眼睛很大，呈杏仁形

幼猫

鼻子短

身体下方的毛色较浅

眼睛周围有黑框，犹如画了眼线

长毛异种：无	寿命：10 ~ 17 岁	个性：文静、好奇

第三章
北美洲猫

北美洲猫是指原产国位于北美洲的猫。
本章所选的猫的品种有缅因猫,
如暗灰黑色白色猫; 加拿大无毛猫,
如浅紫色白色猫; 异国短毛猫,
如蓝色标准虎斑猫; 塞尔凯克卷毛猫,
如玳瑁色白色猫; 曼赤肯猫,
如海豹色重点色猫; 孟加拉猫,
如豹猫; 美国短毛猫, 如蓝色猫等。

孟买猫

由缅甸猫和黑色美国短毛猫杂交培育而成。由于其外貌酷似印度豹，故以印度的都市孟买命名。1976年，孟买猫曾被爱猫者协会评选为冠军。就外表来看，孟买猫宛如一只小型黑豹，但其个性温驯柔和，稳重好静。不过它也不怕生，感情丰富，很喜欢和人类亲近，被人搂抱时，它的喉咙会不停地发出满足的呼噜声。

原产国：美国　　　　　　　　　**品种：**孟买猫
祖先：缅甸猫 × 美国短毛猫　　　**起源时间：**20 世纪 50 年代

黑色猫

孟买猫身材中等，食量较大，肌肉强健，体重相对于身形大小来说，可以算是"重量级"的，所以抱起来觉得格外有分量。

◑ **主要特征：**被毛短而富有光泽，漆黑油亮，衬托得眼睛更加明亮。幼猫发育十分缓慢，被毛上常有虎斑。脸颊丰满，体形中等。

◑ **饲养提示：**孟买猫感情丰富，喜欢与人做伴，所以不要长时间冷落它们。

◑ **附注：**幼猫的眼睛颜色出生时是蓝色，然后变成灰色，最后变成金色或深紫铜色。

眼睛大而圆，眼色为古铜色，双眼间距宽

两耳直立

鼻梁也是黑色

被毛短，紧贴身体

下颚发达

身体结实强壮

尾巴长度适中

四肢粗壮

脚爪小，椭圆形

长毛异种：黑色蒂法尼猫	寿命：12 ~ 17 岁	个性：果敢

重点色长毛猫

在北美地区，重点色长毛猫又被称为喜马拉雅猫。1935年，有人沿用原美国繁殖计划成果，开始研究建立此品种。一开始黑色长毛猫同暹罗猫杂交产下三只黑色短毛小猫，培育者让其中的两只小猫交配，第一次得到一只长毛小猫，取名为"初进社交界的少女"；然后培育者再把它和它的父亲放到一起交配，第二次得到一只重点色长毛小猫。

原产国：美国	品种：重点色长毛猫
祖先：暹罗猫 × 长毛猫	起源时间：20世纪20年代

乳黄色重点色猫

重点色长毛猫继承和结合了波斯猫与暹罗猫的优点，它们融合了波斯猫的轻柔、反应灵敏和暹罗猫的聪明、温雅。它们既有波斯猫的体态和长毛，又有暹罗猫的毛色和眼睛。

◎ 主要特征：身体是乳白色，重点色则为较深的乳黄色，头大而圆，身体矮胖。

◎ 饲养提示：为了小猫可以健康地长大，要及时给它接种疫苗，接种疫苗的时间为小猫12周大左右，1岁前共打两次疫苗，两次之间间隔20天，以后每年1次。

◎ 附注：公猫面部重点色的面积较大。

蓝色眼睛比较圆

颈部较短

耳朵小、耳内多饰毛

重点色的颜色浓度均匀

被毛浓密蓬松

短毛异种：乳黄色重点色英国短毛猫	寿命：12～17岁	个性：温和

巧克力色重点色猫

巧克力重点色是一种隐性基因，在同型繁育时可出现巧克力色和丁香色。也就是说，要使后代显示这种颜色，父母双方都必须拥有巧克力色的隐性等位基因。

⊙ **主要特征**：前额较扁，侧看鼻子上有凹陷，身体为象牙白色，脸、耳、尾和四肢应为暖色的巧克力色。

⊙ **饲养提示**：如有条件，应给爱宠刷牙，以避免牙龈发炎引起的细菌侵入。

⊙ **附注**：重点色长毛猫性格温和、叫声轻柔，聪明、忠诚、爱玩、爱撒娇，喜欢与主人形影不离，比其他猫更大胆，是一种极为高贵的品种。

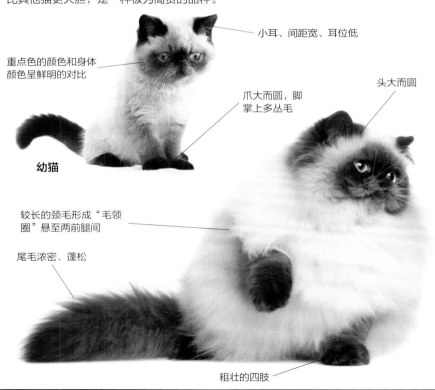

小耳、间距宽、耳位低

重点色的颜色和身体颜色呈鲜明的对比

爪大而圆，脚掌上多丛毛

头大而圆

幼猫

较长的颈毛形成"毛领圈"悬至两前腿间

尾毛浓密、蓬松

粗壮的四肢

短毛异种：巧克力重点色英国短毛猫	寿命：12 ~ 17 岁	个性：温和、大胆

缅因猫

　　又称缅因库恩猫，体形大，是北美地区自然产生的第一个长毛品种。它们性格独立、坚强、勇敢。外形上，它们的被毛浓密柔滑，背和腿上毛发较长，底层绒毛细软，尾毛长而浓密。人们可以看到各种毛色和花式的缅因猫，唯独没有巧克力色重点色、淡紫色重点色或暹罗色重点色类型的花猫。它的眼睛为绿色、金黄色或古铜色。

原产国：美国	品种：缅因猫
祖先：非纯种长毛猫	起源时间：18 世纪 70 年代

蓝色猫

　　缅因猫属于体形较大的猫，但其性情温顺，善解人意，是非常好的宠物。

◉ 主要特征：与身躯相比，头会显得比较小，身躯的颜色为由浅到中等深度的蓝灰色，颜色均匀，没有杂毛。

◉ 饲养提示：除了猫粮之外，建议每周给小猫吃一点肉类食物，但是量一定不要太大。

◉ 附注：公缅因猫原本是工作猫，它们体格健壮且能吃苦耐劳，能忍受恶劣的天气。它们的祖先——农场猫习惯在高低不平的地方睡觉。

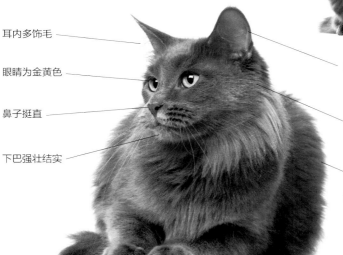

耳内多饰毛

眼睛为金黄色

鼻子挺直

下巴强壮结实

耳朵大而突起

与身体相比，头显得比较小

背部与腿部被毛较长

短毛异种：蓝色美国短毛猫	寿命：10 ~ 15 岁	个性：独立、勇敢

暗灰黑色白色猫

　　这种猫每只的体形相差较大，不能仅凭体形确定它的特征，但在个性上每只猫没有太大的差异。

◎ **主要特征：** 底层毛为白色，毛尖色为黑色，底层毛在缅因猫走动时看得最清楚，头部、四肢、被毛颜色较其他部位深。

◎ **饲养提示：** 缅因猫很少单独进食，喜欢跟众猫或朋友们一起大快朵颐。因此，饲养缅因猫的同时，最好家里能再喂养些其他动物。

◎ **附注：** 缅因猫种的起源有好几种说法，通常都是夸张的故事。其中一个故事说到，曾经有一只猫跑到了缅因州的野外，结果跟一只浣熊发生跨种交配，于是就生下一堆具有现代缅因猫特征的后代。

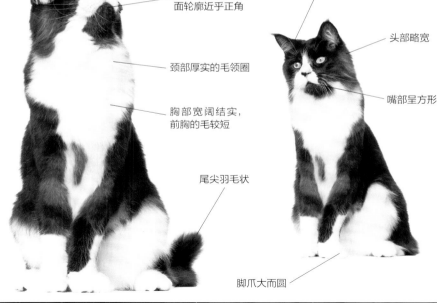

下巴强壮结实，侧面轮廓近乎正角

颈部厚实的毛领圈

胸部宽阔结实，前胸的毛较短

尾尖羽毛状

耳朵基部宽

头部略宽

嘴部呈方形

脚爪大而圆

| 短毛异种：黑色美国短毛猫 | 寿命：10 ～ 15 岁 | 个性：聪明、独立 |

棕色虎斑白色猫

　　在欧洲曾被称为美国森林猫，是缅因猫中历史最悠久的品种之一，最初是由乡村农场驯养。

◯ 主要特征：体毛基色为黄棕色，带有清晰的黑色虎斑，白色被毛只分布在身体下部和脚上。

◯ 饲养提示：缅因猫容易患心室肥大症，有责任心的主人可以坚持定期通过超声心室检查来监控缅因猫的健康状况。

◯ 附注：祖先是较为普通的棕色虎斑猫。

被毛浓密，虎斑清晰

鼻子挺直，没有鼻节

头上有明显的 "M" 形虎斑

脚爪白色

尾毛粗，尾毛浓密蓬松

短毛异种：棕色虎斑和白色美国短毛猫	寿命：10 ~ 15 岁	个性：独立

白色猫

　　在灭鼠药出现之前，缅因猫时常被带着出海在船上捕鼠，因此它们养成了在家中某个角落或某个似乎不是很舒适的地方睡觉的习惯。

◎ **主要特征：** 与整个体形相比，头显得较小，成猫有颈垂肉，头稍宽。耳朵大而突起，耳尖端长有丛集毛。胸部宽阔，肌肉发达。

◎ **饲养提示：** 幼猫和成年猫都喜欢嚼生骨头来磨练它们的牙齿，但一定不要让尖锐的碎骨片伤了猫的牙齿。猫粮的颗粒状是经过精心设计的，能够帮助猫磨利牙齿，并确保安全。

◎ **附注：** 它们的长毛祖先可能是在 18 世纪时从欧洲和亚洲来到美国的。

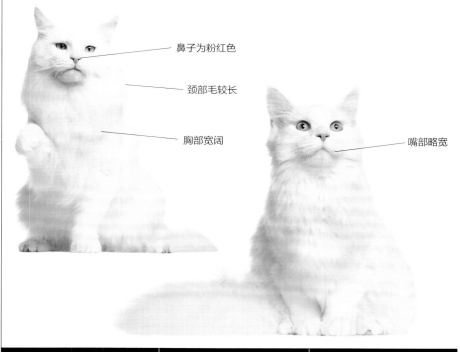

鼻子为粉红色

颈部毛较长

胸部宽阔

嘴部略宽

| 短毛异种：白色美国短毛猫 | 寿命：10 ～ 15 岁 | 个性：独立、勇敢 |

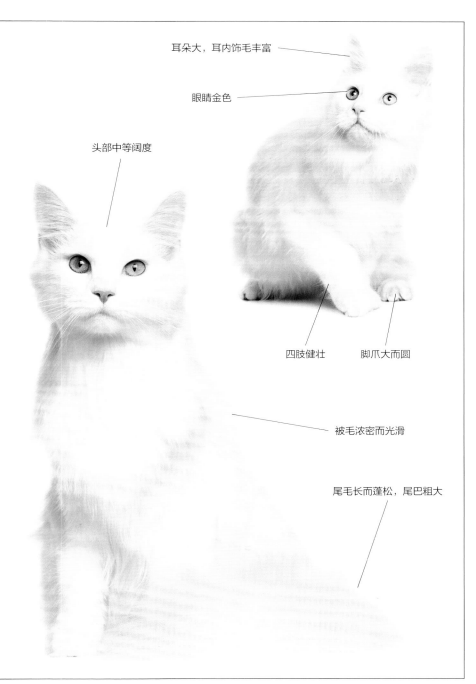

耳朵大，耳内饰毛丰富

眼睛金色

头部中等阔度

四肢健壮

脚爪大而圆

被毛浓密而光滑

尾毛长而蓬松，尾巴粗大

银色虎斑猫

　　很聪明的猫，有时会用前爪捡起食物和树枝。不讨厌水，厚密的体毛可承受风吹雨打，在家里会以玩水龙头上的滴水为乐。

◎ 主要特征：基色应是银白色，身上有浓而清晰的黑色虎斑。

◎ 饲养提示：猫不能很好地吸收植物中的养分，它们若长期吃素，很快便会失明，甚至死亡。

◎ 附注：每窝产 2 ~ 3 只猫仔，猫仔的大小和毛色差异会比较大，发育缓慢，4 岁时才能完全成熟。

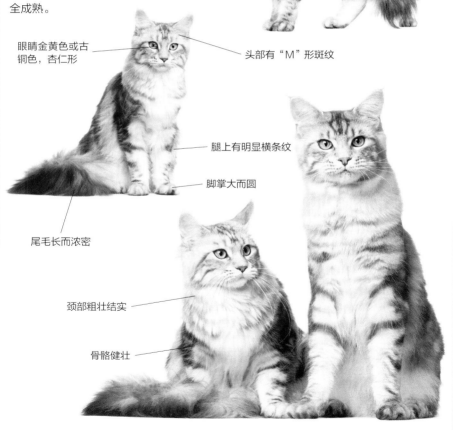

眼睛金黄色或古铜色，杏仁形

头部有"M"形斑纹

腿上有明显横条纹

脚掌大而圆

尾毛长而浓密

颈部粗壮结实

骨骼健壮

短毛异种：银白虎斑美国短毛猫	寿命：10 ~ 15 岁	个性：独立、勇敢

棕色标准虎斑猫

　　大概是因为它们布有条纹图案的尾巴和北美著名的浣熊的尾巴相似，所以又称之为缅因浣熊猫。

◎ **主要特征**：底色应是暖色调的紫铜色，带有与之形成对比的黑色虎斑。标准型虎斑猫身上的虎斑应呈块状，颜色一致，鼻子呈砖红色。

◎ **饲养提示**：如果猫长期吃生鱼，会因为不能完全吸收其中的营养而缺乏维生素 B_1，可能会导致抽筋甚至死亡，所以喂猫鱼时一定要把鱼煮熟。

◎ **附注**：棕色标准虎斑缅因猫是缅因猫中较普通的品种。

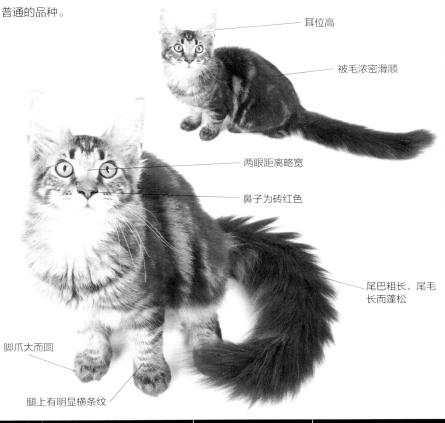

耳位高

被毛浓密滑顺

两眼距离略宽

鼻子为砖红色

尾巴粗长，尾毛长而蓬松

脚爪大而圆

腿上有明显横条纹

短毛异种：棕色标准虎斑美国短毛猫	寿命：10 ~ 15 岁	个性：独立、温和

乳黄色标准虎斑猫

缅因猫是北美洲最古老的天然猫种，它也成为美国第一种本土展示猫。

◎ 主要特征：身体基色为乳黄色，带有颜色较深的虎斑，两肋腹上带有牡蛎状图案。

◎ 饲养提示：年老的猫消化能力会日渐衰退，它们吸收不到干粮中的营养，所以不宜再给它们喂食干粮。

◎ 附注：缅因猫在国外一直都是最受欢迎的猫种之一，调查显示，其受欢迎的程度在美国可以排到前三名。

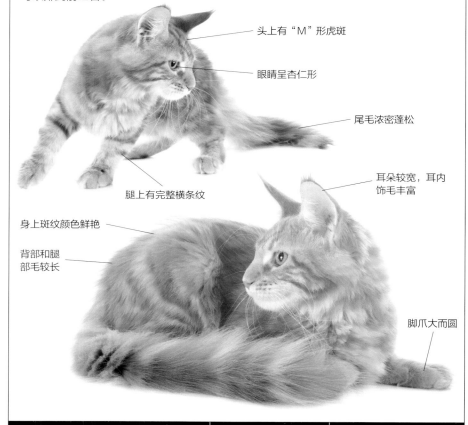

头上有"M"形虎斑

眼睛呈杏仁形

尾毛浓密蓬松

腿上有完整横条纹

耳朵较宽，耳内饰毛丰富

身上斑纹颜色鲜艳

背部和腿部毛较长

脚爪大而圆

| 短毛异种：红色虎斑美国短毛猫 | 寿命：10 ～ 15 岁 | 个性：独立、勇敢 |

银玳瑁色虎斑猫

　　和银色虎斑猫的区别在于它们的身上会有乳黄色或红色的斑块。

○ **主要特征**：躯干长，被毛底色为银色，虎斑颜色为黑色，轮廓清晰。身上有红色和乳黄色斑块。

○ **饲养提示**：很多猫都喜欢少食多餐，如果它们长得过胖将会导致不少健康问题，主人应该严格控制猫的食量，并给它们提供营养均衡的食物。

○ **附注**：缅因猫外表看起来威猛无比，全身充满了野性的气息，但它们是对主人最为温驯、忠心的猫种之一。

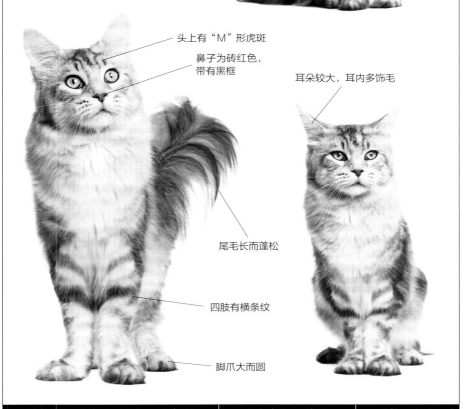

头上有"M"形虎斑

鼻子为砖红色，带有黑框

耳朵较大，耳内多饰毛

尾毛长而蓬松

四肢有横条纹

脚爪大而圆

短毛异种：银色玳瑁虎斑美国短毛猫	寿命：10 ~ 15 岁	个性：独立

原产国：美国　　品种：缅因猫
祖先：非纯种长毛猫　起源时间：18 世纪 70 年代

蓝银玳瑁色虎斑猫

　　这种颜色品种的猫由于被毛颜色较为复杂，所以没有两只猫的外表完全相同。

⊙ 主要特征： 底色为带蓝色的银色，被毛中夹杂有明显清晰的乳黄色补片状玳瑁图案，虎斑明显。

⊙ 饲养提示： 主人要注意缅因猫有髋关节发育不良和多囊性肾病的问题。此外，缅因猫的牙龈炎与牙周炎发病率也比其他猫种高，但缅因猫仍然是一种身体结实强壮的猫。

⊙ 附注： 除了聪颖与活泼的性格广为人知以外，缅因猫巨大的体形也令人过目难忘。

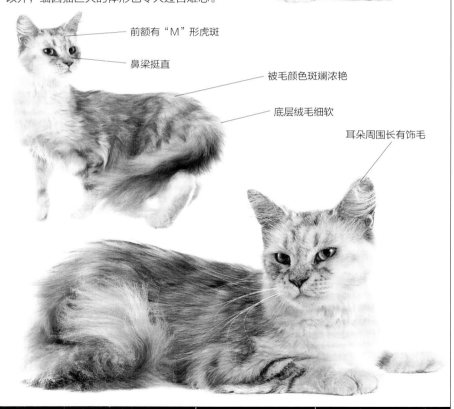

前额有"M"形虎斑

鼻梁挺直

被毛颜色斑斓浓艳

底层绒毛细软

耳朵周围长有饰毛

短毛异种：蓝银色玳瑁虎斑美国短毛猫	寿命：10 ～ 15 岁	个性：独立、勇敢

黑色猫

　　黑色缅因猫喜欢大范围活动，喜欢睡在偏僻的地方，且很容易相处，是理想的宠物。

◎ 主要特征：全身被毛为黑色，极为浓密蓬松，被毛长度并不一致，光滑有层次，背部和腿部的被毛长而浓密，尾部的被毛则像羽毛一样散开。

◎ 饲养提示：不要喂牛奶给猫喝，否则会导致它们肠胃不适，如有需要可喂猫专用的奶制品。

◎ 附注：缅因猫能发出像小鸟般唧唧的轻叫声，非常动听。

耳朵上面有一小撮与猞猁耳朵一样的脊毛

耳朵大而尖，耳毛发达

眼睛绿色、金黄色或古铜色

背部和腿部毛发较长

脚爪大而圆

四肢粗壮

尾长且蓬松

短毛异种：黑色美国短毛猫	寿命：10 ~ 15 岁	个性：聪明、独立

银色标准虎斑猫

　　该猫原在乡村驯养，约在 18 世纪中叶形成较稳定的品种。其长相与森林猫类似，在猫类中属大体形的品种。

◎ 主要特征：身体基色为银色，与颜色较深的块状虎斑斑纹形成鲜明对比，两肋腹部有明显牡蛎状图案。

◎ 饲养提示：和多数长毛猫不同，它们不适宜住在公寓里，因为这种猫需要宽敞的地方，喜欢进入花园或院子活动。

◎ 附注：被毛厚且浓密，前胸被毛较短，背部、腹部及大腿的被毛较长，毛质如丝一般，顺滑且向下飘。

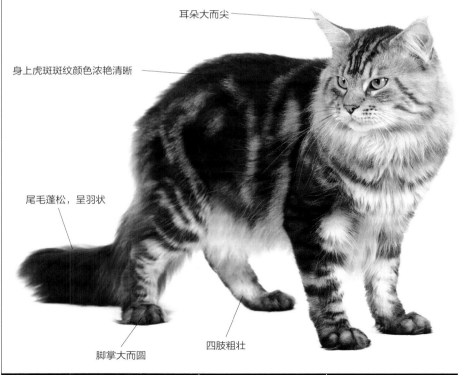

耳朵大而尖

身上虎斑斑纹颜色浓艳清晰

尾毛蓬松，呈羽状

脚掌大而圆

四肢粗壮

短毛异种：银色标准虎斑美国短毛猫　　｜　　寿命：10 ~ 15 岁　　｜　　个性：独立、勇敢

眼睛大，眼角稍吊，为绿色、金黄色或古铜色

鼻子为砖红色，带有黑框

下巴结实强壮

颈部有毛领圈

布偶猫

又称布娃娃猫、玩偶猫、布拉多尔猫，性格异常温柔，缺乏自我保护能力，较适宜在室内饲养。它们非常友善，对疼痛的忍受性颇强，能容忍孩子的嬉闹；爱交际，甚至可以和狗友好相处，是理想的家庭宠物。它们非常喜欢和人类在一起，喜欢有人陪伴，如果你工作繁忙，最好不要饲养此品种，不然它们会很不快乐。

原产国：美国　　　　　　　**品种：**布偶猫
祖先：白色长毛猫 × 伯曼猫　　**起源时间：**20 世纪 60 年代

巧克力色双色猫

布偶猫是所有猫中体形最大的一种，绝育过的雄性布偶猫可以长到 10 千克左右，甚至更重，而母猫则相对小一些。

◎ **主要特征：**眼睛为海蓝色，巧克力色毛区与白色毛区轮廓清晰，下巴与上唇、鼻子可连成一条直线。

◎ **饲养提示：**关节痛是高龄宠物的通病，如果猫不能定期活动，可在它休息时帮它轻轻按摩肌肉或活动四肢关节。

◎ **附注：**早期人们认为布偶猫对疼痛的感觉很迟钝，其实这是完全错误的观念，这种谬论是因为最早的布偶猫是由一只在路上遭车祸后的白色长毛猫生下的。

头部呈等边三角形

脸上有白色倒"V"字斑纹

身体大而重

耳尖浑圆，稍微前倾，耳内饰毛丰富

眼睛椭圆形，双眼间距宽

颈部毛较其他部位长

粗壮的腿

短毛异种：无	寿命：15 ~ 20 岁	个性：温顺恬静、友善

淡紫色双色猫

布偶猫是由美国加利福尼亚州的繁殖学家安贝克精心培育出来的新品种，它于 1965 年就得到了美国权威爱猫团体的资格认证。

◎ 主要特征：带粉红的紫灰色毛区与白色毛区形成对比，锥形长尾上的被毛状似羽毛，脸上呈现倒"Ｖ"形斑纹。

◎ 饲养提示：布偶猫需要主人的陪伴，如果你平时工作较忙，那么家里最好有小孩或老人，有他们的陪伴，布偶猫可以成长得更快乐。

◎ 附注：布偶猫现在大部分是生长在美国，较少在世界各地公开亮相，是典型的美国名猫，美国境外的布偶猫颇为罕见。

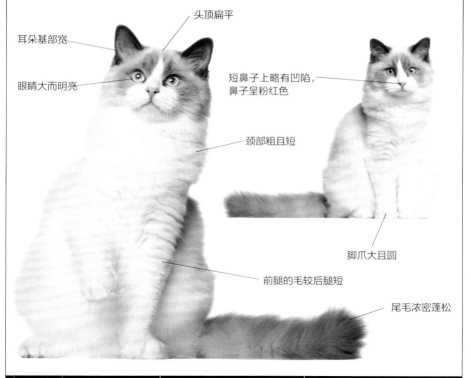

头顶扁平

耳朵基部宽

眼睛大而明亮

短鼻子上略有凹陷，鼻子呈粉红色

颈部粗且短

脚爪大且圆

前腿的毛较后腿短

尾毛浓密蓬松

短毛异种：无	寿命：15 ~ 20 岁	个性：温顺恬静、友善

原产国：美国　　　　　品种：布偶猫
祖先：白色长毛猫 × 伯曼猫　　起源时间：20 世纪 60 年代

海豹色双色猫

　　双色布偶猫的四只爪子、腹部、胸部和脸上呈倒"∨"形的部分都是白色的，背部也可能有一两片白色的斑纹。只有尾巴、耳朵和倒"∨"以外的部分才会显示出较深的颜色。

◐ 主要特征：基本对称的八字脸，四条腿大都是纯白色，粉红的鼻头和脚掌。

◐ 饲养提示：作为长毛猫，它们需要主人为其做日常的皮毛梳理，不过这个品种的猫掉毛现象比较少，为它们梳理毛发是一项比较简单的工作。

◐ 附注：并非每一只双色布偶猫脸上的"八"字都完美对称，其有一些猫的白色部分会高至头顶，有一些白色部分则只到鼻梁。

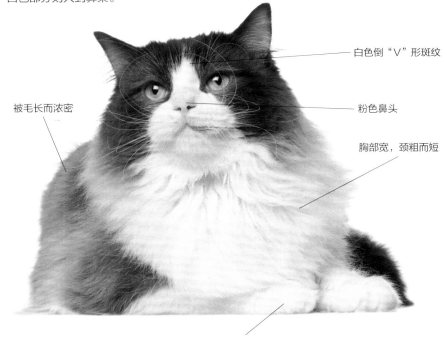

白色倒"∨"形斑纹

粉色鼻头

胸部宽，颈粗而短

被毛长而浓密

爪子和腿都是白色的

短毛异种：无	寿命：15 ～ 20 岁	个性：温顺恬静、友善

| 原产国：美国 | 品种：布偶猫 |
| 祖先：白色长毛猫 × 伯曼猫 | 起源时间：20世纪60年代 |

巧克力色重点色猫

这种重点色的布偶猫有着经典的暹罗猫的图案，但其蓬松呈羽状的尾巴与典型的"V"形脸还是能够让人轻松辨认出来。

◯ 主要特征：脸、耳、尾、四肢和尾巴应为暖色的巧克力色，胸部、腹部都为白色。

◯ 饲养提示：所有的猫都喜欢磨爪子，主人最好在家里准备一个猫抓板，这样就不用担心猫会破坏家具了。

◯ 附注：虽然布偶猫有双色、梵色、"手套"和重点色四种颜色图案，但是CFA（国际爱猫联合会）只接受双色和梵色布偶猫参加比赛，"手套"和重点色布偶猫只能登记注册。

双耳间距宽阔

海蓝色眼睛

华丽的毛领圈

鼻子呈深海豹色

四肢粗壮

被毛中等长度，柔软而浓密

尾毛浓密蓬松

| 短毛异种：无 | 寿命：15~20岁 | 个性：温顺恬静、友善 |

| 原产国：美国 | 品种：布偶猫 |
| 祖先：白色长毛猫 × 伯曼猫 | 起源时间：20 世纪 60 年代 |

"手套"淡紫色重点色猫

这种"手套"猫是布偶猫中的精品，它们有着毛茸茸的白色下巴，戴着"白手套"与"靴子"，样子可爱又滑稽，很受喜爱。

◎ 主要特征：重点色为带粉色的浅灰色，前脚掌为白色，大小不超出腿和脚掌形成的角度，后腿上白色部分向上延伸至踝关节，整个身体下方由下巴至尾部也都是白色。

◎ 饲养提示：布偶猫是严格的室内猫，不要把它们放在室外散养，外界的流浪猫、狗及飞禽都有可能伤害到它们。

◎ 附注：刚出生的幼猫全身是白色的，1 周后幼猫的脸部、耳朵和尾巴开始有颜色变化，直到 2 岁时其被毛才稳定下来，到 3 ~ 4 岁才完全长成。

头顶较为平坦

眼睛明亮，为海蓝色

被毛浓密且厚实

脚掌呈白色

身体下部呈白色

| 短毛异种：无 | 寿命：15 ~ 20 岁 | 个性：温顺恬静、友善 |

下巴白色

尾毛蓬松

双耳间距宽

华丽的毛领圈

身体大而重

原产国：美国	品种：布偶猫
祖先：白色长毛猫 × 伯曼猫	起源时间：20 世纪 60 年代

"手套"海豹色重点色猫

　　"手套"布偶猫是指猫的前脚掌上好像戴着手套，两只手套呈白色，大小相似。

○ 主要特征：两只手套不超出腿和脚掌形成的角度。后腿上白色"靴子"向上延伸至后脚踝关节，整个身体下方由下巴至尾部也都是白色。

○ 饲养提示：布偶猫很擅长交际，它不像其他猫那样有很强的占有欲，也不爱吃醋，所以在饲养布偶猫的同时，还可以饲养其他宠物。

○ 附注：布偶猫的叫声温柔而甜美，它们喜欢发出轻细的"喵喵"声，而不是大声地号叫。

10 个月大的幼猫

海蓝色的大眼睛

骨骼粗壮的腿

纯白"手套"

白色"围脖"

短毛异种：无	寿命：15 ~ 20 岁	个性：温顺恬静、友善

原产国：美国　　　　品种：布偶猫
祖先：白色长毛猫 × 伯曼猫　　起源时间：20 世纪 60 年代

海豹色重点色猫

　　布偶猫是一个晚熟的品种，其体格和体重要到 4 岁时才发育完全。一般来说，重点色布偶猫的幼猫要 3 年左右，才能长成成猫的体形和颜色。

◐ 主要特征：重点色区的毛色为深海豹褐色，鼻子呈海豹色，颈部被毛很长，眼睛为海蓝色。母猫体形比公猫小，颜色也比较浅。

◐ 饲养提示：布偶猫属于猫类中智商较高的一种，禁止它们做的事重复两三次，它们通常就不会再犯了。

◐ 附注：大约在 1 岁大时，开始长出典型的重点色被毛。

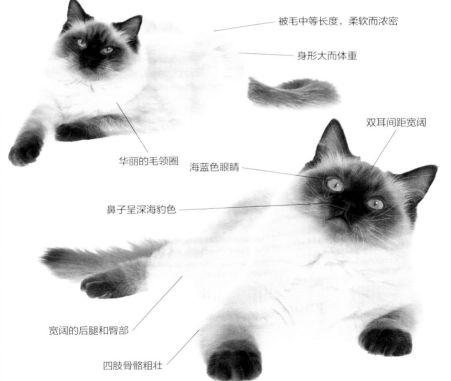

被毛中等长度，柔软而浓密

身形大而体重

双耳间距宽阔

华丽的毛领圈

海蓝色眼睛

鼻子呈深海豹色

宽阔的后腿和臀部

四肢骨骼粗壮

短毛异种：无	寿命：15 ~ 20 岁	个性：温顺恬静、友善

玳瑁色白色猫

　　布偶猫对人友善，忍耐性极强，很受人们喜爱。有玳瑁图案的布偶猫往往性情更加温和。

⊙ **主要特征**：眼睛为海蓝色，非常清澈明亮。脸部有大片玳瑁色斑纹，身体或多或少分布着玳瑁色图案，尾巴、头部玳瑁色颜色较深。

⊙ **饲养提示**：布偶猫和小孩在一起是安全的，它们动作温柔，性格友善，被人抱着的时候从不伸出指甲，不会对小孩造成伤害。

⊙ **附注**：布偶猫的价格往往取决于它的体形、图案和血统。通常到小猫 12 ~ 16 周的时候繁育者才会将其转让。因为 12 周后小猫已经接受了最基本的疫苗接种，而且在身体和心理上已经可以适应新的生活环境，可以参加比赛或进行空运了。

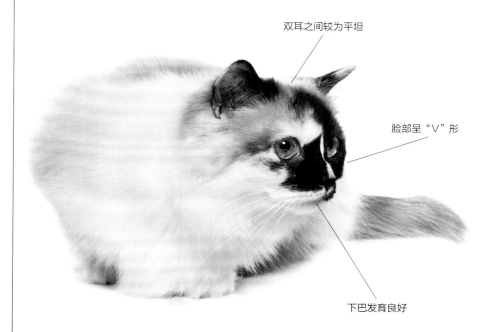

双耳之间较为平坦

脸部呈"V"形

下巴发育良好

短毛异种：无	寿命：15 ~ 20 岁	个性：温顺恬静、友善

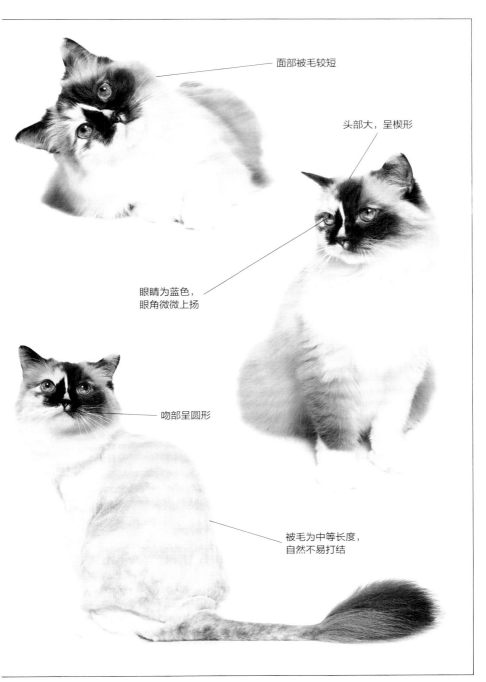

面部被毛较短

头部大，呈楔形

眼睛为蓝色，
眼角微微上扬

吻部呈圆形

被毛为中等长度，
自然不易打结

淡紫色重点色猫

　　重点色被毛图案的布偶猫有海豹色、蓝色、巧克力色和淡紫色等，它们的被毛图案相同，只是颜色不一样。

◎ 主要特征：头大且呈楔形，头顶扁平，鼻子上略有凹陷，吻部呈圆形，颈部被毛很长，眼睛为海蓝色。

◎ 饲养提示：布偶猫很安静，懒于像别的猫一样上蹿下跳。它们非常喜欢人类，最喜欢做的事就是静静地陪在主人身边，从不抗拒被人拥抱。

◎ 附注：大约在 1 岁大时，开始长出典型的重点色被毛。

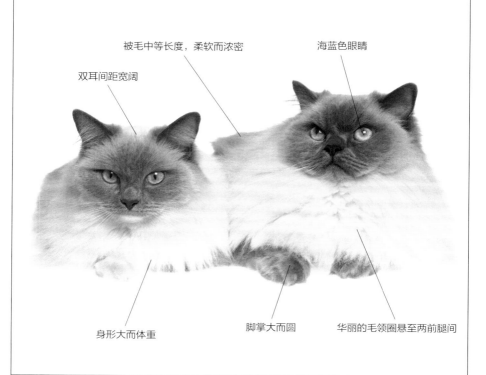

双耳间距宽阔

被毛中等长度，柔软而浓密

海蓝色眼睛

身形大而体重

脚掌大而圆

华丽的毛领圈悬至两前腿间

短毛异种：无	寿命：15 ~ 20 岁	个性：温顺恬静、友善

索马里猫

属于中到大型猫，外表有王者风范。以非洲国家索马里命名，选用此名是为了表示其与阿比西尼亚猫的近亲关系。索马里猫是由纯种的阿比西尼亚猫基因突变而来的长毛猫，直到1967年人们才着手对其进行有计划的培育繁殖。它们的长相与阿比西尼亚猫相似，比例均匀，肌肉结实，线条优美；活泼贪玩，性情温和；感情丰富但不过度热情，需要人关注。

原产国：美国	品种：索马里猫
祖先：阿比西尼亚猫	起源时间：1967 年

深红猫

深红猫是索马里猫的代表品种,分布最为普遍,也是最早在英国获准参展的颜色品种。

◎ 主要特征：底毛颜色是非常鲜艳的深棕红色，并带有金色，单根毛上有条纹，毛尖色是朱古力色。脊骨和尾巴上的毛斑纹色最深。

◎ 饲养提示：索马里猫运动神经非常发达，动作敏捷，喜欢自由活动，因而不适合长期圈养在公寓里。

◎ 附注：以颈周围有毛领圈、腿部有"马裤"形长毛的为佳。

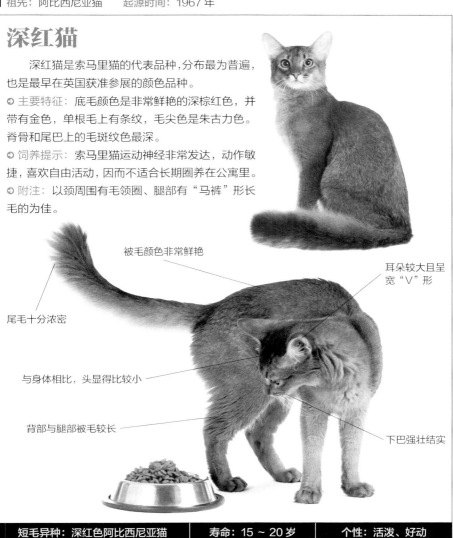

被毛颜色非常鲜艳

耳朵较大且呈宽"V"形

尾毛十分浓密

与身体相比，头显得比较小

背部与腿部被毛较长

下巴强壮结实

短毛异种：深红色阿比西尼亚猫	寿命：15 ~ 20 岁	个性：活泼、好动

棕色猫

　　索马里猫彼此交配只能生下长毛索马里猫，而索马里猫和阿比西尼亚猫杂交所生的小猫，则既有长毛的也有短毛的。

◎ 主要特征：毛根是深杏黄色，体色较深，毛上的斑纹是朱古力色。

◎ 饲养提示：索马里猫非常希望得到主人的关注和照顾，所以不可以冷落它们太久，否则它们会非常不开心。

◎ 附注：在一窝杂交的小猫中，索马里猫往往要比阿比西尼亚猫略大一些。

肩部被毛较短

腿部有"马裤"形长毛

臀部肌肉发达

尾尖颜色较深

| 短毛异种：棕色阿比西尼亚猫 | 寿命：15～20岁 | 个性：活泼、好动 |

棕红色猫

索马里猫的眼睛有三种颜色：琥珀色、浅褐色和绿色。

◎ **主要特征：** 被毛颜色应为带有金色的棕红色，毛尖色是朱古力色。脊骨和尾巴上的毛斑纹色最深。整体外观上和深红色猫接近，但是毛色要浅得多。

◎ **饲养提示：** 给索马里猫洗澡前应先让它散散步，让它将尿和粪便排出，然后再按顺序洗澡。注意不要让含有宠物洗毛精的水进入猫的眼睛、鼻子和嘴里。

◎ **附注：** 大部分索马里猫都懂得开水龙头，因为它们喜欢玩水。

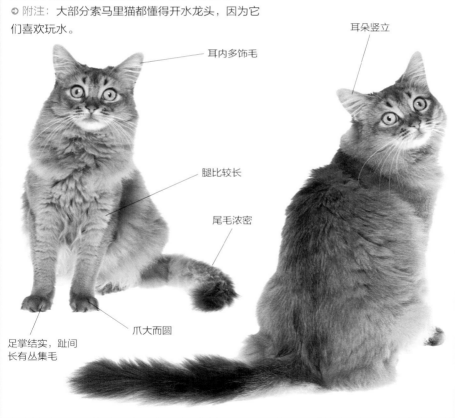

耳朵竖立

耳内多饰毛

腿比较长

尾毛浓密

爪大而圆

足掌结实，趾间长有丛集毛

短毛异种：棕红色阿比西尼亚猫	寿命：15 ~ 20 岁	个性：活泼、好动

原产国：美国　　　　　　品种：索马里猫
祖先：白色长毛猫 × 伯曼猫　　起源时间：1967 年

栗色猫

　　体形中等，体格健壮，比例协调。头呈楔形，耳朵竖起，两耳间距宽。索马里猫是一种警觉性很强的猫，它们对周遭环境充满好奇，所以给人们留下的是一种活泼好动、体力充沛的印象。

◎ 主要特征：双层被毛，每根毛上有 3 ～ 4 条条纹。底层被毛是较深的杏黄色，耳尖和尾尖的毛色相似，为暖色调的紫铜色，单根体毛上带有朱古力色斑纹。

◎ 饲养提示：每次洗澡后，可以用不含类固醇的抗生素眼药水和猫用滴耳油，对猫的眼睛和耳朵进行适当保养。

◎ 附注：索马里猫是有斑纹的，但有别于其他的斑纹，它的每根毛都是由 3 ～ 20 条条纹组合而成，所以它看起来像一只颜色和谐的纯色猫。

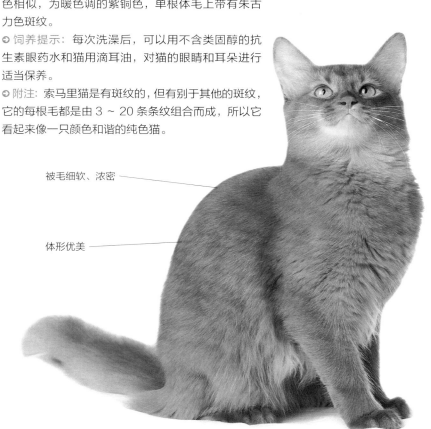

被毛细软、浓密

体形优美

短毛异种：栗色阿比西尼亚猫	寿命：15 ～ 20 岁	个性：温顺恬静、友善

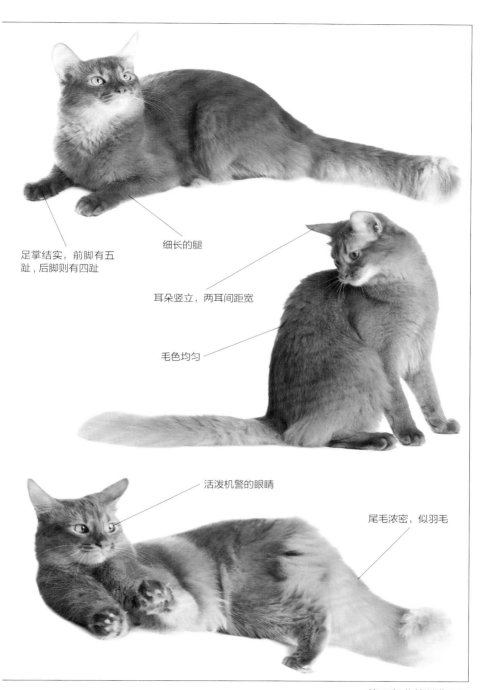

足掌结实，前脚有五趾，后脚则有四趾

细长的腿

耳朵竖立，两耳间距宽

毛色均匀

活泼机警的眼睛

尾毛浓密，似羽毛

原产国：美国　　品种：索马里猫
祖先：阿比西尼亚猫　起源时间：1967 年

浅黄褐色猫

脸是稍圆的楔形，耳朵较大且呈宽的"V"形。被毛长度中等，柔软细密，在肩部较短，在后腿上较长，尾毛十分浓密。

○ **主要特征：** 底层被毛是带粉红的浅黄色或咖啡色，毛尖为棕褐色，颜色较深，与体色形成对比。

○ **饲养提示：** 此猫害怕寒冷，冬季应注意保暖。

○ **附注：** 索马里猫初生时是一身短毛，毛会迅速变软。随着猫的成长，被毛会渐渐变得平滑和富有光泽。

杏仁状琥珀色眼睛

额头上铅笔划痕

耳朵较大，耳内有饰毛

被毛柔软、细密

细长的腿

短毛异种：浅黄褐色阿比西尼亚猫	寿命：15 ~ 20 岁	个性：活泼、好动

巴厘猫

　　巴厘猫非常像一种长毛暹罗猫，也是瘦长体形，与其他长毛猫相比，其被毛比较短，柔软如貂皮，其身材修长、苗条，肌肉发育良好。其实，巴厘猫和巴厘岛没有地域关系，动物专家由其优美高雅的体态和婀娜多姿的动作，联想到印尼巴厘岛土著舞蹈演员的姿态，因而命名。巴厘猫毛长5厘米左右，毛色和暹罗猫相同，不需精心梳理。

原产国：美国　　　　　　品种：巴厘猫
祖先：暹罗猫 × 安哥拉猫　　起源时间：20世纪40年代

海豹色重点色猫

　　虽然这种猫的重点色颜色越深越受欢迎，但因体毛较长，能够隔绝影响颜色深浅的冷热气温，因此，重点色的颜色绝不会比海豹色重点色暹罗猫的颜色深。

◎ 主要特征：重点色的颜色为均匀的单一色，即和鼻、趾垫颜色相称的暗海豹褐色。背部是浅黄褐色，身体两侧是暖色调的乳色，身体下方颜色更淡。

◎ 饲养提示：饲养猫的食物一定要新鲜，不新鲜的食物含有大量的细菌，所含的维生素及其他营养成分也较低。

◎ 附注：这种猫1963年在美国首次被承认，现为世界各地极受欢迎的品种之一。

耳朵大，耳根部宽

下颚呈"V"形轮廓

头部楔形

呈杏仁状的蓝色眼睛

身材修长

四肢健壮

短毛异种：海豹重点色暹罗猫	寿命：15～18岁	个性：活泼

原产国：美国　　品种：巴厘猫
祖先：暹罗猫 × 安哥拉猫　　起源时间：20世纪40年代

巧克力色重点色猫

　　巴厘猫是由暹罗猫自然变异或隐没遗传性状产生的，所以最初被叫作长毛暹罗猫。

◎ 主要特征：象牙色身体与暖色调的乳褐重点色形成对比，鼻子和趾垫是带肉桂的粉色系。

◎ 饲养提示：猫和狗所需要的营养并不相同，切勿用狗粮喂猫。

◎ 附注：小猫出生时被毛是白色，以后才会长出重点色，差不多1岁时猫的颜色才稳定下来。另外，成年猫随着年龄的增长，颜色会变得更深一些。

耳朵大而尖，根部宽

头呈楔形

眼睛很大，幼猫的眼睛更圆一些

鼻梁长而直

尾巴有丰富的饰毛

爪小，呈椭圆形，趾间有毛

短毛异种：巧克力重点色暹罗猫	寿命：15 ~ 18岁	个性：活泼

美国卷耳猫

　　起源于美国加利福尼亚州，1981 年首次被发现，1983 年人们开始对其进行品种选育，是猫世界中稀有的新成员。美国卷耳猫的卷耳是经遗传基因突变而成的，卷曲程度有三种：轻度卷曲、部分卷曲和新月形。卷耳猫聪明伶俐、温纯可爱、性格平和，非常讲究卫生。它们爱黏主人，也能与家里的其他宠物和睦相处，非常适合家庭喂养。

原产国：美国　　　　品种：美国卷耳猫
祖先：非纯种卷耳猫　起源时间：1981 年

白色猫

　　卷曲的耳朵是美国卷耳猫的主要特征，同时，斜向鼻子的胡桃状眼睛和中等大小的矩形身体也是这个品种的重要特性。

◎ 主要特征：半长毛型，除尾巴上多有乳黄色斑纹外，全身洁白。耳朵向头顶弯曲，耳朵内侧为浅粉红色，长有长长的饰毛，眼睛为蓝色。

◎ 饲养提示：对它们的耳朵要特别小心，不要将其故意弯成不自然的形状，以免折断耳朵的软骨。

◎ 附注：这个品种猫的耳朵至少卷至 90°，但不超过 180°。耳朵实际上呈旋转状，所以正面看上去两耳尖呈对称。

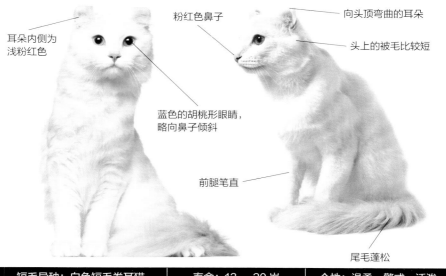

耳朵内侧为浅粉红色

粉红色鼻子

向头顶弯曲的耳朵

头上的被毛比较短

蓝色的胡桃形眼睛，略向鼻子倾斜

前腿笔直

尾毛蓬松

短毛异种：白色短毛卷耳猫　　　寿命：13 ~ 20 岁　　　个性：温柔、警戒、活泼

红白猫

　　红白猫是非纯种的美国卷耳猫，它们是很好的伴侣，适合所有的家庭。

○ 主要特征：耳朵后折，耳内多饰毛，鼻子呈粉红色，胡桃状眼睛斜向鼻子，身体呈矩形。

○ 饲养提示：美国卷耳猫的底毛极少，而且很少出现脱毛和打结现象，所以毛发很好打理。不过它们很享受主人对它们进行毛发梳理的过程，那也是主人和它们之间的一种交流。

○ 附注：幼猫刚出生时耳朵都是正常的，4～7天后逐渐开始变化，形成卷耳，并于4个月之后定形，6个月时才能长成明显的成猫耳形。

3个月大的幼猫

胡桃形大眼睛，略斜向鼻子

后折的耳朵，耳内饰毛丰富

粉色鼻子

下巴结实，与鼻子和上唇可连成直线

身体呈矩形

短毛异种：红白短毛卷耳猫	寿命：13～20岁	个性：温柔、警戒活泼

原产国：美国　　　　品种：美国卷耳猫
祖先：非纯种卷耳猫　　起源时间：1981 年

黄棕色虎斑猫

　　美国卷耳猫的性格稳定，平时非常安静，不过它们非常聪明,幼猫时的许多行为会一直保持终生。

◎ 主要特征：身体底色为较浓的乳黄色，与身上深棕色虎斑斑纹形成鲜明对比，胡桃形大眼睛带有黑色"眼线"，并且眼睛周围有乳黄色眼圈，非常漂亮。

◎ 饲养提示：最好在猫生下来 2 个月以后再给猫洗澡。猫的皮肤不像人类那样容易出汗，所以不需要经常洗澡，夏季每月 2 次，冬季每月 1 次就够了。

◎ 附注：该品种的猫成熟很慢，需要 2 ~ 3 年，体形中等，体重为 2 ~ 4.5 千克。

耳朵卷曲，耳内多饰毛

眼睛周围有乳黄色眼圈

头上有"M"形虎斑

眼睛带有黑色"眼线"

胡桃形大眼睛

从外眼角延伸出去的"眼镜腿"

被毛柔软丰厚

| 短毛异种：黄棕色虎斑短毛卷耳猫 | 寿命：13 ~ 20 岁 | 个性：温柔、警戒、活泼 |

异国短毛猫

　　也叫外来种短毛猫。大约在 1960 年，美国的育种专家将美国短毛猫和波斯猫杂交，以改进美国猫的被毛颜色并增加其体重，于是就有了这样一批绰号为异国短毛猫的小猫。其被毛与美国短毛猫相似，体形为和波斯猫一样的矮脚马体形。它们有着可爱的表情和圆滚滚的身体，性格如波斯猫般文静、亲切，深受人们喜爱。

■ 原产国：美国　　　　　　品种：异国短毛猫
　　祖先：美国短毛猫 × 波斯猫　　起源时间：20 世纪 60 年代

白色猫

　　FIFE（欧洲猫协联盟）在 1986 年承认了异国短毛猫。该品种在美国已经非常普遍，在欧洲也在逐渐流行起来。

◯ 主要特征：头大而圆，脸颊丰满。吻部短、宽且呈圆形。鼻短而宽，有明显的轮廓。被毛颜色为闪闪发亮的纯白色，没有杂毛，浓密的被毛直立，不紧贴身体。

◯ 饲养提示：异国短毛猫性格温顺、文静，很容易受到其他宠物的攻击，所以不要把它们和太有攻击性的宠物放在一起喂养。

◯ 附注：异国短毛猫身体结实，但性成熟期晚，要到 3 岁左右。

幼猫

头骨非常宽

耳朵顶端向前微微倾斜

鼻子呈为粉红色

脸颊丰满

下巴丰满厚实

粗壮的腿

脚掌大而圆

| 长毛异种：白色波斯长毛猫 | 寿命：13 ～ 15 岁 | 个性：顽皮但感情丰富 |

淡紫色猫

异国短毛猫体形矮胖，身体重心低，虽然是短毛猫，但是被毛略长于其他短毛猫。圆滚滚的体形看起来滑稽可爱。

◑ 主要特征：被毛最理想的颜色是带粉红色的紫灰色，整体被毛颜色深度分配均匀。

◑ 饲养提示：异国短毛猫和波斯猫一样，鼻子较短而且扁塌，它们容易患泪管堵塞症，所以主人要注意做好它们的脸部清洁工作。

◑ 附注：异国短毛猫性情温顺、沉静，但略比波斯猫活泼。它们很有好奇心，而且贪玩。

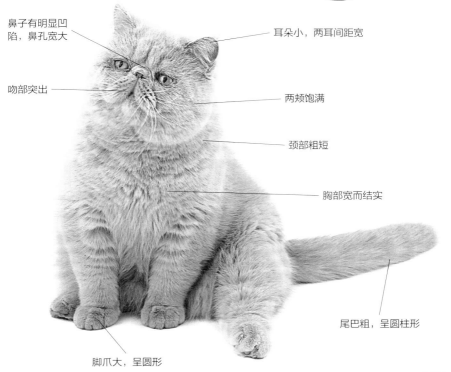

鼻子有明显凹陷，鼻孔宽大

耳朵小，两耳间距宽

吻部突出

两颊饱满

颈部粗短

胸部宽而结实

尾巴粗，呈圆柱形

脚爪大，呈圆形

长毛异种：淡紫色波斯长毛猫	寿命：13 ~ 15 岁	个性：顽皮但感情丰富

原产国：美国　　　　　品种：异国短毛猫
祖先：美国短毛猫 × 波斯猫　　起源时间：20 世纪 60 年代

红色虎斑白色猫

　　最初这种红色虎斑被称为橘色虎斑，且不太受人们喜欢。不过现在它们已经受到了越来越多的养猫者的追捧。

◐ **主要特征**：头上有"M"形虎斑，身上有色毛区与白色毛区界限分明，轮廓清晰。

◐ **饲养提示**：有些猫对某些食物很敏感，会把它们吐出来，主人这时一定要停止喂食。有些植物会引起猫过敏或中毒，应该把它们移走或放在猫碰不到的地方。

◐ **附注**：异国短毛猫眼睛颜色与被毛相匹配，大多为金色到古铜色，也有绿色和蓝色。

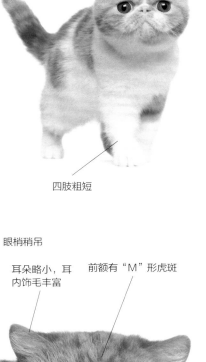

四肢粗短

尾巴上有清晰环纹

眼睛大而圆，眼梢稍吊

吻部突出

耳朵略小，耳内饰毛丰富

前额有"M"形虎斑

成猫红色毛区颜色更深

4 个月大的幼猫

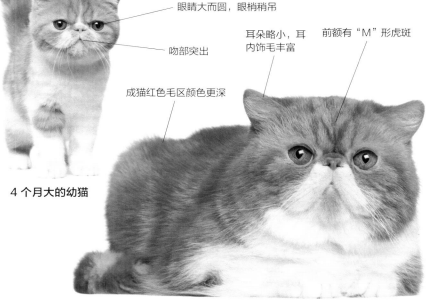

长毛异种：红色虎斑和白色波斯长毛猫	寿命：13 ~ 15 岁	个性：顽皮但感情丰富

原产国：美国　　　　品种：异国短毛猫
祖先：美国短毛猫 × 波斯猫　　起源时间：20 世纪 60 年代

渐层金色猫

　　这种猫保留了部分捕猎的本性，其骨架粗壮、肌肉发达，被抓到的猎物根本无法逃脱。

◎ 主要特征：底层被毛的颜色从杏色到浅金色不一，金黄色体毛的毛尖是海豹巧克力色或黑色，构成渐层色。

◎ 饲养提示：如果猫整天都趴在你的膝盖上睡觉，那你应该引起注意，这样不利于它的健康，应该多带它进行运动。

◎ 附注：理想的异国短毛猫需要给人的首要印象是结实的骨骼、柔和的神情、大而圆的眼睛和浑圆的线条。

耳朵略小，耳内饰毛丰富　　头部宽而圆

尾巴粗且被毛浓密

鼻子短而扁，而且宽

吻部突出

前额有"M"形虎斑

下巴丰满

颈部粗短

四肢粗壮肥短

脚掌大而圆

| 长毛异种：渐层金色波斯长毛猫 | 寿命：13 ~ 15 岁 | 个性：顽皮但感情丰富 |

原产国：美国　　　　　品种：异国短毛猫
祖先：美国短毛猫 × 波斯猫　　起源时间：20 世纪 60 年代

乳黄色重点色猫

　　这种猫的眼睛为蓝色，大而圆，非常惹人喜爱，不过它们还没有得到人们的普遍认同。

○ **主要特征**：重点色区域的乳黄色颜色较浅或者为中等深度，与白色毛区形成鲜明对比。

○ **饲养提示**：适当给猫修剪趾甲，可降低猫的破坏力，也不会改变它的行为。但是猫在剪完指趾甲后不能保护自己，需要饲养在家中，不能放养。而且从猫健康的角度来说，不建议主人剪去它们的后脚趾甲。

○ **附注**：这种猫感情丰富，不喜欢孤独。

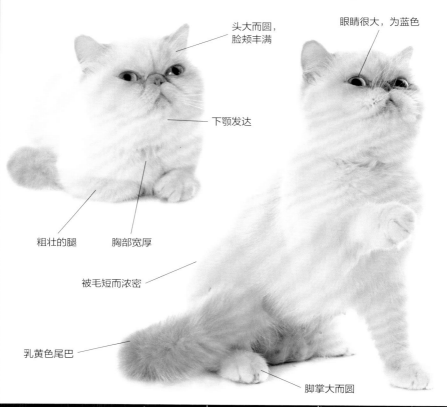

头大而圆，脸颊丰满

眼睛很大，为蓝色

下颚发达

粗壮的腿　　胸部宽厚

被毛短而浓密

乳黄色尾巴

脚掌大而圆

长毛异种：乳黄色和白色波斯长毛猫	寿命：13 ~ 15 岁	个性：顽皮但感情丰富

原产国：美国　　　　品种：异国短毛猫
祖先：美国短毛猫 × 波斯猫　　起源时间：20 世纪 60 年代

蓝色标准虎斑猫

　　外表酷似波斯猫，唯一不同的地方是它的被毛浓密而直立，不紧贴身体。

◎ 主要特征：斑纹为非常深的蓝色，成块状，与底色形成鲜明的对比。前额"M"形虎斑清晰，两肋腹上带有牡蛎状图案。

◎ 饲养提示：由于猫大多有乳糖不耐受症，无法消化牛奶，让猫喝牛奶会导致它的肠胃不舒服。对猫来说，猫粮是营养的第一本源，且不需其他特别补充品。

◎ 附注：在育种期间，异国短毛猫还曾与俄罗斯蓝猫及缅甸猫杂交，自 1987 年以来，允许与其杂交的品种被限定为只有波斯猫。

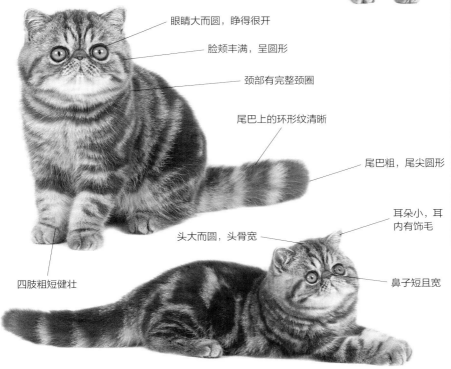

眼睛大而圆，睁得很开

脸颊丰满，呈圆形

颈部有完整颈圈

尾巴上的环形纹清晰

尾巴粗，尾尖圆形

耳朵小，耳内有饰毛

鼻子短且宽

头大而圆，头骨宽

四肢粗短健壮

| 长毛异种：蓝色标准虎斑波斯长毛猫 | 寿命：13 ~ 15 岁 | 个性：顽皮但感情丰富 |

原产国： 美国　　　　　　　**品种：** 异国短毛猫
祖先： 美国短毛猫 × 波斯猫　　**起源时间：** 20 世纪 60 年代

黑色猫

　　除了毛的长度和质地外，这种猫各个方面都很像波斯猫，并且它们的被毛长度比一般的短毛猫要稍长一些。

◎ **主要特征：** 被毛为纯黑色，没有杂毛，毛色深且富有光泽，成猫的黑色没有铁锈色痕迹。

◎ **饲养提示：** 夏季是蚊、蝇、跳蚤、蜱、虱滋生繁殖的季节，主人一定要为爱猫做好防蚊、防蝇、灭虱、防蜱的工作，预防疾病发生。

◎ **附注：** 幼猫的毛色会略带灰色或铁锈色，不过在成长的过程中会逐渐消失。

双耳间距宽，耳位稍稍向前倾斜

眼睛颜色从金色、橘色到红铜色不一

被毛浓密厚实

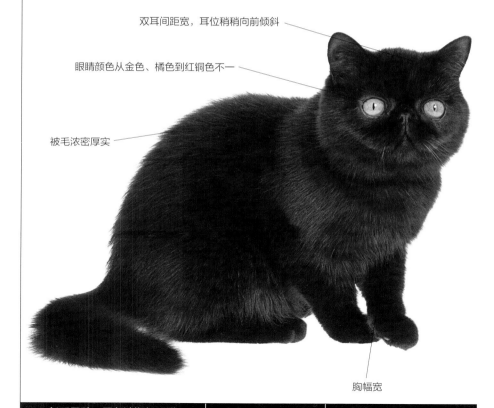

胸幅宽

长毛异种：黑色波斯长毛猫	寿命：13 ~ 15 岁	个性：顽皮但感情丰富

头部宽而圆

两颊丰满

耳朵小，耳尖圆形

下颚宽而有力

幼猫

鼻子有明显凹陷

颈粗短

四肢粗短健壮

脚掌大且结实

孟加拉猫

　　也叫豹猫。1963 年，一位加利福尼亚州的育种专家琼·米尔买了一只野生的亚洲豹猫，琼·米尔用这只豹猫与家猫杂交培育出了孟加拉猫。它们具有金色的底色和黑色的斑纹，骨架结实，身体强壮。人类对孟加拉猫的驯化时间还比较短，该品种的猫独立性强，性情多变，有时会表现出野性的一面，它们的捕猎能力也比其他品种的猫强。

原产国： 美国	**品种：** 孟加拉猫	
祖先： 亚洲豹猫交叉配种	**起源时间：** 1963 年	

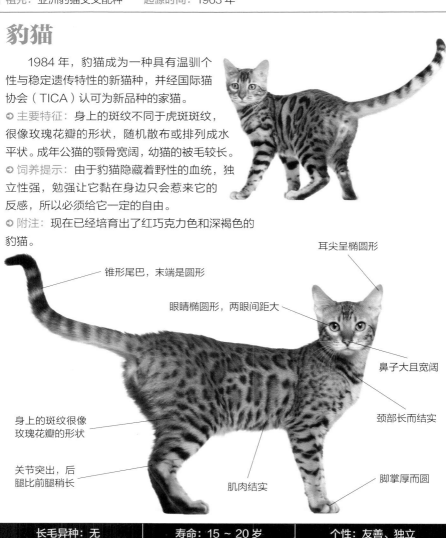

豹猫

　　1984 年，豹猫成为一种具有温驯个性与稳定遗传特性的新猫种，并经国际猫协会（TICA）认可为新品种的家猫。

◉ **主要特征：** 身上的斑纹不同于虎斑斑纹，很像玫瑰花瓣的形状，随机散布或排列成水平状。成年公猫的颚骨宽阔，幼猫的被毛较长。

◉ **饲养提示：** 由于豹猫隐藏着野性的血统，独立性强，勉强让它黏在身边只会惹来它的反感，所以必须给它一定的自由。

◉ **附注：** 现在已经培育出了红巧克力色和深褐色的豹猫。

耳尖呈椭圆形

锥形尾巴，末端是圆形

眼睛椭圆形，两眼间距大

鼻子大且宽阔

颈部长而结实

身上的斑纹很像玫瑰花瓣的形状

关节突出，后腿比前腿稍长

肌肉结实

脚掌厚而圆

长毛异种：无	寿命：15 ~ 20 岁	个性：友善、独立

美国短毛猫

是原产于美国的一种猫，其祖先为欧洲早期移民带到北美洲的猫种，与英国短毛猫和欧洲短毛猫同类。该品种的猫是在街头巷尾收集来的猫当中选种，并和进口品种杂交培育而成。美国短毛猫素以体格魁伟、骨骼粗壮、肌肉发达、生性聪明和性格温顺而著称，是短毛猫类中的大型品种。其被毛厚密，毛色多达 30 余种，银色条纹品种尤为名贵。

原产国：美国	品种：美国短毛猫
祖先：非纯种短毛猫	起源时间：17 世纪

蓝色猫

美国短毛猫遗传了它们祖先的健壮、勇敢和吃苦耐劳等特点，它们的性格温且稳定，不会乱发脾气，不喜欢乱吵乱叫。

◎ 主要特征：身体颜色均匀，尾巴的长度等于从肩胛骨到尾根的长度。

◎ 饲养提示：美国短毛猫精力非常旺盛，不像其他猫总是懒洋洋的，所以家里最好有猫爬架之类的猫玩具让它们消耗精力。

◎ 附注：美国短毛猫在欧洲很罕见，但在日本颇受好评，在美国国内也较受欢迎。1966 年正式为其定名，以纪念其原产地——美国。

眼睛大且睁得很开

耳尖细圆

下颚较长且强壮

鼻子长宽中等

被毛短且厚，质地硬滑

颈部肌肉发达

尾巴根部粗壮

脚爪结实，呈圆形

长毛异种：蓝色缅因猫	寿命：15 ～ 20 岁	个性：独立

原产国：美国　　　品种：美国短毛猫
祖先：非纯种短毛猫　　起源时间：17 世纪

银白色标准虎斑猫

　　这是美国短毛猫中非常名贵的一个品种。它们身体紧实、匀称且强壮有力，胸部饱满宽阔，腿部粗壮。

⊙ 主要特征：头上"M"形虎斑明显，肩部斑纹呈蝴蝶形状，两肋腹上均有牡蛎状毛块，尾巴上有许多道环纹。

⊙ 饲养提示：喂养食物过量或是洗澡着凉，均能使猫免疫力降低，使体内原有的或环境中病原微生物大量繁殖或进入机体，进而引起猫发病死亡。

⊙ 附注：公猫的腮部比母猫发达，而且从各方面来说都比母猫大。这种猫完全发育成熟需要 3 ～ 5 年的时间。

头部浑圆

眼睛为金色或红铜色，睁得很大

被毛短而浓密

前腿笔直

长毛异种：银白色标准虎斑缅因猫	寿命：15 ～ 20 岁	个性：独立

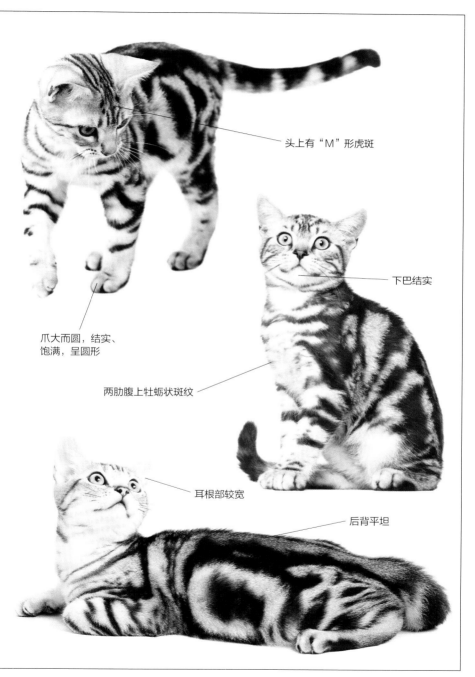

头上有"M"形虎斑

下巴结实

爪大而圆，结实、
饱满，呈圆形

两肋腹上牡蛎状斑纹

耳根部较宽

后背平坦

加拿大无毛猫

在加拿大安大略省出生的一窝猫仔中，曾有一只无毛猫引起了培育者的兴趣，于是他们开始用这只猫来培育此品种的各种颜色。虽然名字为无毛猫，但实际上它们并不是完全没有毛发，只不过那是一些短短的绒毛。由于毛发稀疏，所以它们对阳光十分敏感。它们的外形颇像小狗，受到了很多爱猫者的追捧。这个品种目前仍属于稀有品种。

原产国：加拿大　　品种：加拿大无毛猫
祖先：非纯种短毛猫　起源时间：1966 年

暗灰色猫

　　加拿大无毛猫并不是完全无毛，实际上它们身上多多少少有些短短的绒毛，以身体末端的绒毛最为明显。
◉ 主要特征：头呈楔形，耳廓硕大，大眼睛呈柠檬状。因皮肤有色素，所以身体也有颜色，全身颜色为暗灰色。
◉ 饲养提示：如果猫拉肚子，可以给它喂服"乳酶生"，有必要的话可以控制饮食，先让猫饿 1 天左右，并且之后每顿也不要喂得过饱，把它的肠胃先调理好。
◉ 附注：幼猫生下来时可能被毛较密。

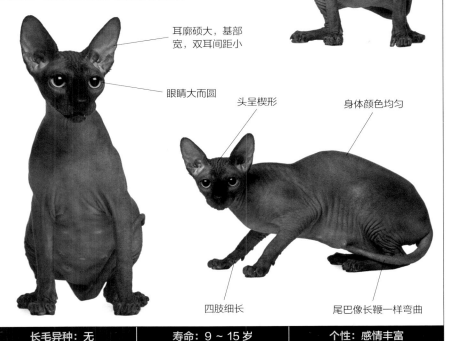

耳廓硕大，基部宽，双耳间距小

眼睛大而圆

头呈楔形

身体颜色均匀

四肢细长

尾巴像长鞭一样弯曲

长毛异种：无	寿命：9 ~ 15 岁	个性：感情丰富

原产国：加拿大　　　品种：加拿大无毛猫
祖先：非纯种短毛猫　　起源时间：1966 年

红色虎斑猫

　　加拿大无毛猫骨架扎实，肌肉发育良好，而且有轻微的肚腩。

◐ 主要特征：身体基色为带粉色的乳白色，头部和尾部虎斑斑纹清晰。

◐ 饲养提示：身上有寄生虫的猫，体内也一定有寄生虫，为了猫的健康，主人一定要及时帮它驱虫。

◐ 附注：加拿大无毛猫有强烈的表现欲，在猫展中它们永远是众人关注的焦点，在家中，它们也喜欢随时被主人关心。如果主人忽视了它们，它们会想方设法重新吸引主人的注意。

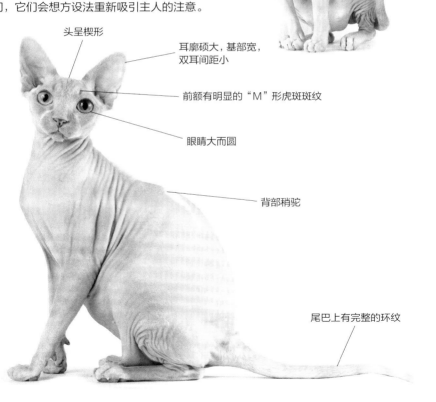

头呈楔形

耳廓硕大，基部宽，双耳间距小

前额有明显的"M"形虎斑斑纹

眼睛大而圆

背部稍驼

尾巴上有完整的环纹

| 长毛异种：无 | 寿命：9 ~ 15 岁 | 个性：感情丰富 |

蓝玳瑁色猫

　　加拿大无毛猫不容易受到基因疾病的侵扰，因为它们不是近亲繁殖所生育的。

◎ 主要特征：蓝色与乳黄色的肤色分布均匀，被毛稀疏，身体末端的绒毛最为明显。

◎ 饲养提示：为了防止猫打扰自己睡觉，可以在睡前给猫准备好充足的食物。

◎ 附注：据英国媒体报道，加拿大无毛猫一直被称为猫族中的调味品，有些人很喜欢，有些人很讨厌。但许多爱猫者逐渐对这种猫产生了好感，英国已经正式承认它们是一个新的猫种。

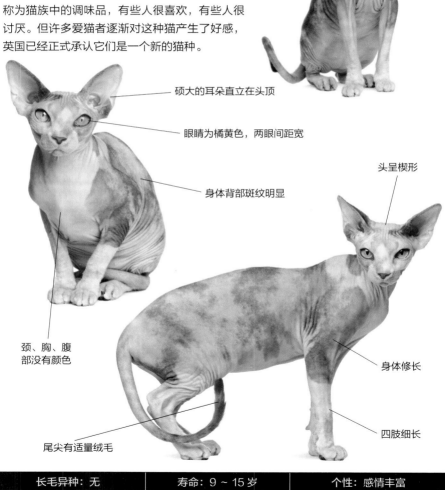

硕大的耳朵直立在头顶

眼睛为橘黄色，两眼间距宽

头呈楔形

身体背部斑纹明显

颈、胸、腹部没有颜色

身体修长

四肢细长

尾尖有适量绒毛

长毛异种：无	寿命：9～15 岁	个性：感情丰富

原产国：加拿大　　品种：加拿大无毛猫
祖先：非纯种短毛猫　　起源时间：1966 年

浅紫色白色猫

　　这个品种越年轻的猫面部越圆，皮肤皱纹越多。

◎ 主要特征：身体背部、前额、后腿、尾巴分布有浅紫色绒毛，身体下部及吻部为白色，头部和尾部绒毛最为明显。

◎ 饲养提示：每年都应该带猫去注射疫苗，同时还要加强对猫生活、饮食的管理，增强猫的抗病能力。

◎ 附注：加拿大无毛猫性格活泼、贪玩，独立性强，无攻击性，能与其他的猫、狗等宠物友好相处。它们感情丰富，希望得到主人的专宠。

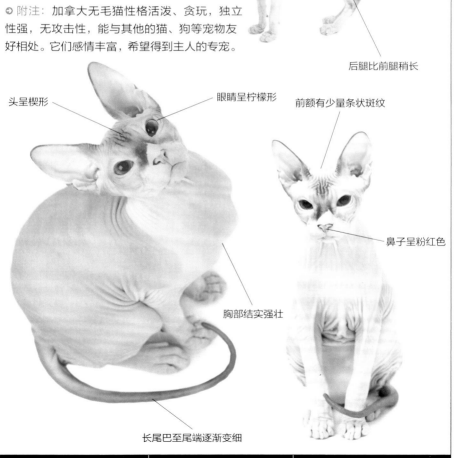

后腿比前腿稍长

头呈楔形

眼睛呈柠檬形

前额有少量条状斑纹

鼻子呈粉红色

胸部结实强壮

长尾巴至尾端逐渐变细

| 长毛异种：无 | 寿命：9 ~ 15 岁 | 个性：感情丰富 |

蓝白猫

　　加拿大无毛猫不仅以皮肤皱褶、看似无毛的外表著称于世，而且以性情温顺、聪慧谦逊、感情细腻而闻名。它们有着笑容可掬的面孔和一双表情丰富的大眼睛，很受人们欢迎。

◎ 主要特征：皮肤多皱褶，头部棱角分明，微呈三角形，耳廓硕大，大眼睛呈柠檬状。

◎ 饲养提示：这种猫多汗，所以主人要记得经常给它洗澡。

◎ 附注：刚生下的小猫身上有许多皱纹，并布满了柔细的胎毛，随着年龄的增长，绒毛仅残留于头部、四肢、尾巴和身体的末端部位，其他部位基本无毛。

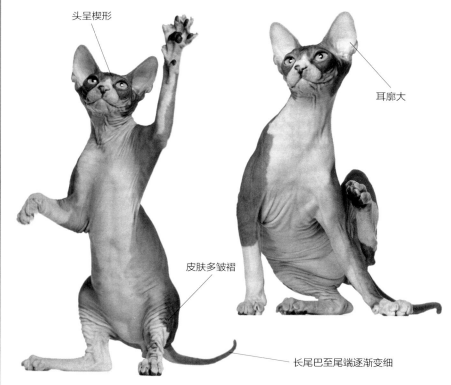

头呈楔形

耳廓大

皮肤多皱褶

长尾巴至尾端逐渐变细

长毛异种：黑色波斯长毛猫	寿命：9～15 岁	个性：感情丰富

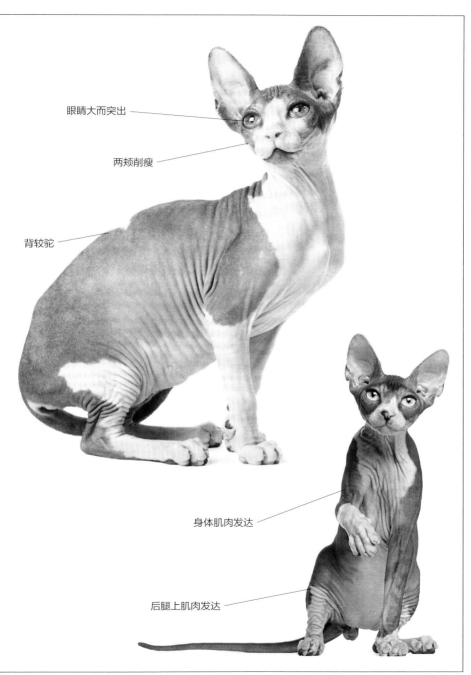

眼睛大而突出

两颊削瘦

背较驼

身体肌肉发达

后腿上肌肉发达

原产国：加拿大　　品种：加拿大无毛猫
祖先：非纯种短毛猫　　起源时间：1966 年

乳黄色猫

　　加拿大无毛猫形状奇特，身体壮实，肌肉发达，胸深，背较驼，并且它们没有胡须。

◎ 主要特征：身体基色为乳黄色，身上只有部分区域有少量绒毛。

◎ 饲养提示：不要给猫吃过多含盐食物，猫对盐的需求量极少。如果猫长时间吃含盐多的食物，容易患上肾炎、尿结石、肾衰竭等疾病。

◎ 附注：加拿大无毛猫无毛的特性属于隐性基因，因此无毛猫之间只有互相交配，才能够保证后代无毛。

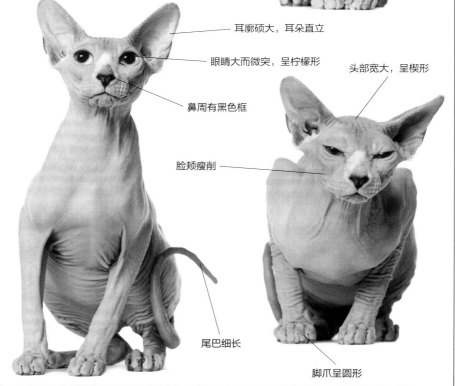

耳廓硕大，耳朵直立

眼睛大而微突，呈柠檬形

头部宽大，呈楔形

鼻周有黑色框

脸颊瘦削

尾巴细长

脚爪呈圆形

长毛异种：无	寿命：9 ~ 15 岁	个性：感情丰富

巧克力色猫

　　加拿大无毛猫是各种猫展上冠军领奖台的常客，虽然它们已经存在了近 200 年，但是直到不久前才拿到英国"护照"。

◎ 主要特征：身体颜色为巧克力色，鼻子颜色较深，耳朵硕大，身上有明显皱纹。

◎ 饲养提示：加拿大无毛猫的体温比其他猫种高了 4℃，因此需要不断进食才能维持正常的新陈代谢。

◎ 附注：这个品种目前仍然属于稀有品种，它们的数量极少。

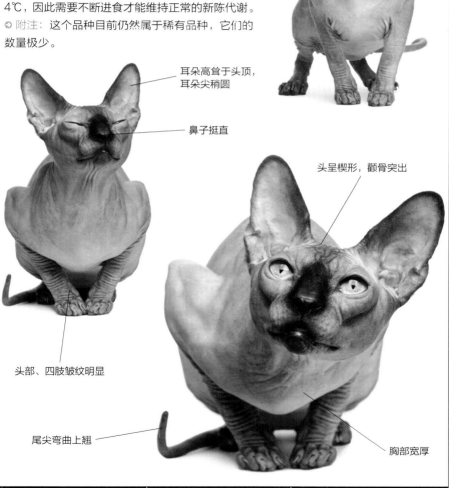

耳朵高耸于头顶，耳朵尖稍圆

鼻子挺直

头呈楔形，颧骨突出

头部、四肢皱纹明显

尾尖弯曲上翘

胸部宽厚

| 长毛异种：无 | 寿命：9 ~ 15 岁 | 个性：感情丰富 |

原产国：加拿大　　　品种：加拿大无毛猫
祖先：非纯种短毛猫　　起源时间：1966 年

蓝色猫

加拿大无毛猫除了在耳、口、鼻、尾、爪等部位有些又薄又软的胎毛外，其他部分一般无毛，皮肤多皱，有弹性。

◎ 主要特征：身体颜色为中等深度的纯蓝色，大耳朵直立在头顶。

◎ 饲养提示：猫怀孕时，猫粮要换为哺乳期和孕期的专门猫粮，同时可以将钙片、营养片碾碎拌进猫粮，以增加钙质。

◎ 附注：母猫每年发情不超过 2 次，幼猫出生死亡率高。新生小猫的皮肤褶皱多，脊背上的毛会随着年龄的增长而消失。

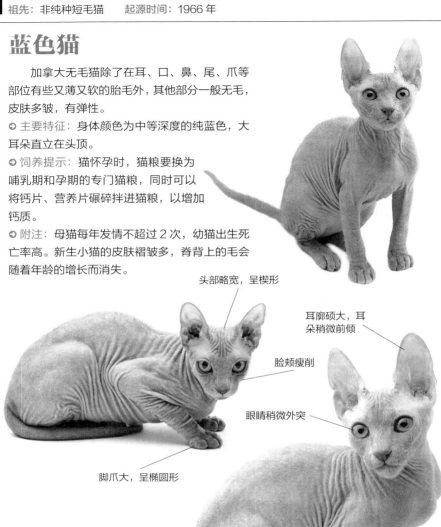

头部略宽，呈楔形

耳廓硕大，耳朵稍微前倾

脸颊瘦削

眼睛稍微外突

脚爪大，呈椭圆形

脸、耳、脚和尾巴长有细小绒毛

尾巴细长

长毛异种：无	寿命：9 ~ 15 岁	个性：感情丰富

原产国：加拿大　　品种：加拿大无毛猫
祖先：非纯种短毛猫　起源时间：1966 年

浅银灰色猫

　　加拿大无毛猫现在已经培育出了各种颜色和斑纹的猫。无论哪种猫，它们眼睛的颜色应与体色相称。

○ **主要特征：**头部、四肢、尾巴及背部泛有银灰色光泽，身体下部几乎为白色。

○ **饲养提示：**给猫剪趾甲之前的一段时间，主人在平常抚摸猫时要有意识地握住它们的前爪，并轻轻捏弄，让猫习惯主人对前爪的抓握，这样它就不会再抗拒主人剪趾甲。

○ **附注：**加拿大无毛猫被毛极少，这就意味着它们不仅怕冷，也怕热，而且身体的白色部位容易晒黑。

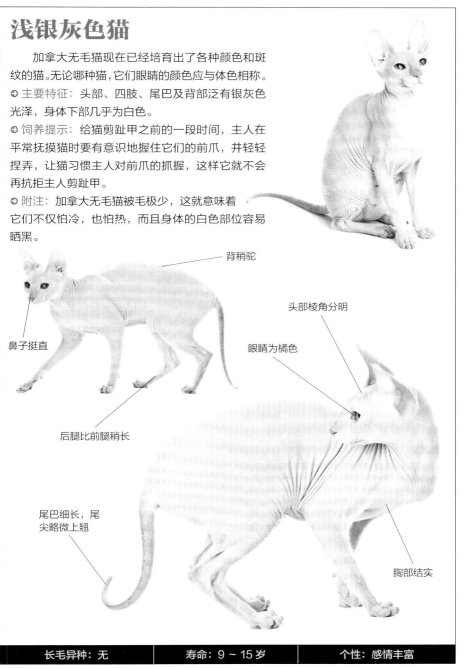

背稍驼

头部棱角分明

眼睛为橘色

鼻子挺直

后腿比前腿稍长

尾巴细长，尾尖略微上翘

胸部结实

| 长毛异种：无 | 寿命：9 ~ 15 岁 | 个性：感情丰富 |

奥西猫

奥西猫兼具野生猫的精悍和家猫的沉稳。它们是 20 世纪 50 年代的后半期开始，由美国的饲养家们以阿比西尼亚猫为基础，和暹罗猫、美国短毛猫交配培育出的成果，是比较新的品种。早在 1964 年，它们就出现在展会上，其注目者很多，但反对者也不少。此后又经过 10 年的血统管理，终于被公认。它们友善而机警，是很好的家庭宠物。

原产国：美国	品种：奥西猫
祖先：暹罗猫 × 阿比西尼亚猫	起源时间：1964 年

普通猫

奥西猫既不算粗壮也不像东方猫那般苗条，属于中等体形。除尾尖以外，整个被毛上都带有条纹，全身有明显的斑点图案。

○ **主要特征**：眼睛、下巴、下颚和身体下方颜色较浅，头、腿和尾巴上的斑纹颜色较深。

○ **饲养提示**：奥西猫感情丰富，不能忍受孤独，因此主人要多抽时间陪伴它，也可为它找一个玩伴。

○ **附注**：在脱毛期，它们身上的斑点图案会变得不清晰。新生幼猫外貌像小豹。

幼猫

前额有"M"形虎斑斑纹

大耳朵里有丛集毛

被毛浓密、圆滑

外眼角稍斜向耳朵

吻部略呈方形

脚呈椭圆形

长毛异种：无	寿命：12 ~ 17 岁	个性：友善而机警

原产国：美国　　　　　品种：奥西猫
祖先：暹罗猫 × 阿比西尼亚猫　　起源时间：1964 年

巧克力色猫

　　它们的体形和阿比西尼亚猫相似，有着坚硬的骨骼和强韧的筋肉，并且体态优雅，相貌不凡，很有魅力。

◐ 主要特征：强壮有力，体形较大。除尾尖以外，全身皆布满富光泽的巧克力色斑纹。眼睛不是蓝色。

◐ 饲养提示：猫不像人类那样容易出汗，所以不需要经常洗澡，夏季每月 2 次，冬季每月 1 次就够了。

◐ 附注：奥西猫体形大且充满重量感，其成猫体重达到 5 ~ 7 千克。

大耳朵里有丛集毛

全身布满清晰的斑点

前额有"M"形虎斑斑纹

外形强壮有力

四肢布满斑纹

侧腹平坦

尾巴略长，根部较粗

| 长毛异种：无 | 寿命：12 ~ 17 岁 | 个性：友善而机警 |

原产国：美国　　　　品种：奥西猫
祖先：暹罗猫 × 阿比西尼亚猫　　起源时间：1964 年

银白色猫

　　充满野性气质的斑点，配上友善机警的个性，它们受到了很多爱猫者的追捧。

⊙ 主要特征：腿部、脸部和尾部的斑纹颜色较深，颈周围和腿上的线纹断裂成为斑点。

⊙ 饲养提示：奥西猫充满野性，不喜欢一直闷在家里，最好饲养在有庭院或环境宽敞的地方。

⊙ 附注：1988 年，TICA（国际猫协会）为之公布了品种标准，现在不再允许阿比西尼亚猫和该品种杂交。

下颚强壮

眼睛大，呈杏形

被毛短而平滑

尾巴较长

幼猫

前额有"M"形虎斑斑纹

四肢健壮

自眼角延伸至面颊的眼线

长毛异种：无	寿命：12 ~ 17 岁	个性：友善而机警

塞尔凯克卷毛猫

　　1987 年，第一只拥有卷毛基因的猫被育种专家捷瑞·纽曼发现，喜爱研究遗传基因的他将这只猫跟波斯猫异种交配，培育出了第一只塞尔凯克卷毛猫。之后又经 10 多年的配种改良，它们终于在 2000 年被 CFA（国际爱猫联合会）认可。塞尔凯克卷毛猫活泼好动，贪玩，喜欢与人亲近，其声线柔弱，给人温文驯和的感觉，是理想的伴侣。

原产国：美国　　　　品种：塞尔凯克卷毛猫
祖先：非纯种短毛猫　起源时间：1987 年

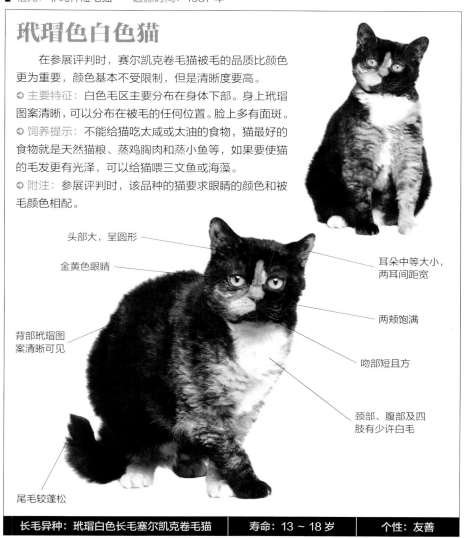

玳瑁色白色猫

　　在参展评判时，赛尔凯克卷毛猫被毛的品质比颜色更为重要，颜色基本不受限制，但是清晰度要高。

◉ 主要特征：白色毛区主要分布在身体下部。身上玳瑁图案清晰，可以分布在被毛的任何位置。脸上多有面斑。

◉ 饲养提示：不能给猫吃太咸或太油的食物，猫最好的食物就是天然猫粮、蒸鸡胸肉和蒸小鱼等，如果要使猫的毛发更有光泽，可以给猫喂三文鱼或海藻。

◉ 附注：参展评判时，该品种的猫要求眼睛的颜色和被毛颜色相配。

头部大，呈圆形

金黄色眼睛

耳朵中等大小，两耳间距离宽

两颊饱满

背部玳瑁图案清晰可见

吻部短且方

颈部、腹部及四肢有少许白毛

尾毛较蓬松

长毛异种：玳瑁白色长毛塞尔凯克卷毛猫	寿命：13～18 岁	个性：友善

淡紫色猫

　　塞尔凯克卷毛猫被毛的卷曲程度和气候、季节、性激素水平相关，对于雌猫来说尤其如此。母猫比公猫略小，但不会影响美观。

◒ 主要特征：卷曲的毛发覆盖全身，呈波浪状，被毛颜色为带粉红的浅灰色。

◒ 饲养提示：如果要带猫出门，请尽量为它们戴上项圈，因为换到一个陌生的环境，猫会不习惯，有时会引起不必要的麻烦。

◒ 附注：幼猫出生时被毛就呈卷曲状，但这些毛在约 6 个月大时会脱落，要到 8 ~ 10 个月大时，才能真正长出独特的厚密的卷毛。

眼睛为杏仁状

两颊丰满

被毛厚密、卷曲，呈波浪状

腿部筋骨强壮、肌肉发达

长毛异种：淡紫色长毛塞尔凯克卷毛猫	寿命：13 ~ 18 岁	个性：友善

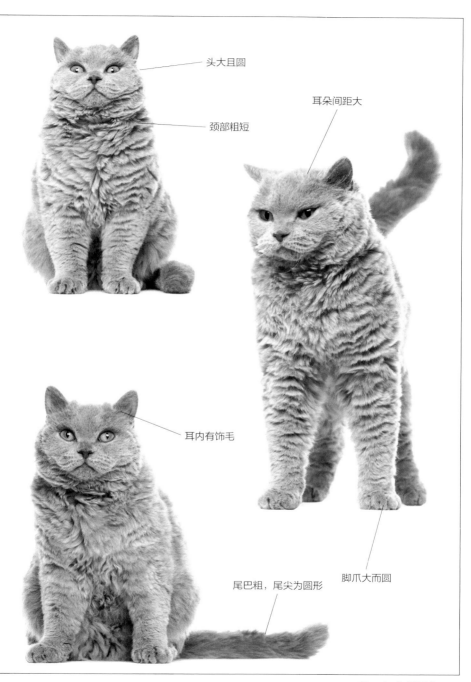

头大且圆

耳朵间距大

颈部粗短

耳内有饰毛

尾巴粗，尾尖为圆形

脚爪大而圆

原产国：美国　　品种：塞尔凯克卷毛猫
祖先：非纯种短毛猫　起源时间：1987 年

白色猫

　　在培育中，它们可以和其他品种进行异种杂交，比如和英国、美国及外来种短毛猫交配，但是不允许和柯尼斯卷毛猫、德文卷毛猫交配。

◑ **主要特征**：被毛卷曲丰富，外层护毛较粗糙，底层绒毛、芒毛和胡须都呈卷曲状。

◑ **饲养提示**：给猫洗澡时一定要冲洗干净，不要让洗液过多地残留在猫的毛发上，那会造成猫皮肤的不适。

◑ **附注**：赛尔凯克卷毛猫的卷毛基因不呈显性遗传，所以有时会生出赛尔凯克直毛猫。

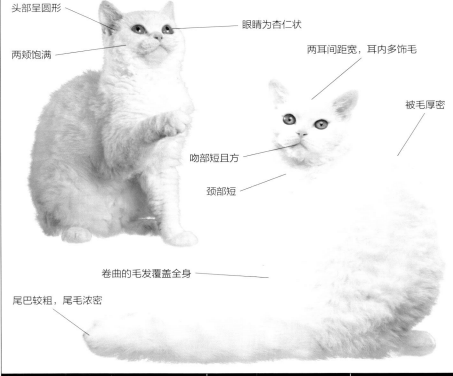

头部呈圆形

眼睛为杏仁状

两颊饱满

两耳间距宽，耳内多饰毛

被毛厚密

吻部短且方

颈部短

卷曲的毛发覆盖全身

尾巴较粗，尾毛浓密

长毛异种：白色长毛塞尔凯克卷毛猫	寿命：13 ~ 18 岁	个性：友善

原产国：美国　　　　品种：塞尔凯克卷毛猫
祖先：非纯种短毛猫　起源时间：1987 年

蓝灰色猫

它们属于体形大、骨架重的品种，四肢壮健，肌肉发达，身体显得有些胖。

◎ **主要特征**：被毛颜色为蓝灰色，头部和四肢的颜色要浅一些，颈部多有一小块白色的"围兜"。

◎ **饲养提示**：塞尔凯克卷毛猫非常活跃，能与其他猫或狗相处融洽。它们还很温顺，适合有孩子的家庭饲养，它们会是孩子的好伙伴。

◎ **附注**：鼻子颜色较深，和头上被毛颜色形成鲜明对比。

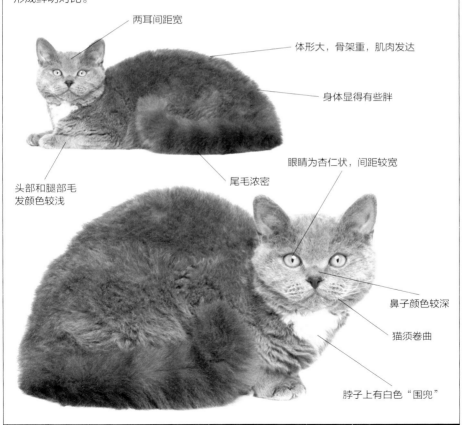

两耳间距宽

体形大，骨架重，肌肉发达

身体显得有些胖

头部和腿部毛发颜色较浅

尾毛浓密

眼睛为杏仁状，间距较宽

鼻子颜色较深

猫须卷曲

脖子上有白色"围兜"

| 长毛异种：蓝灰色长毛塞尔凯克卷毛猫 | 寿命：13 ~ 18 岁 | 个性：友善 |

| 原产国：美国 | 品种：塞尔凯克卷毛猫 |
| 祖先：非纯种短毛猫 | 起源时间：1987 年 |

蓝白色猫

塞尔凯克卷毛猫有一个很大的优势，它们自发性突变导致每根毛发都有温和的卷曲度，整体外观给人一种柔软的感觉。

◐ 主要特征：蓝色毛区和白色毛区界限分明，轮廓清晰，颜色对比明显，被毛图案对称的为佳品。

◐ 饲养提示：给卷毛猫过度梳理毛发，会使它们的毛发变直。因此不宜每天都给卷毛猫梳理毛发，一般 3 ~ 5 天梳理一次即可。

◐ 附注：这种猫感情丰富，可以成为人们很好的伙伴，非常适合公寓生活。

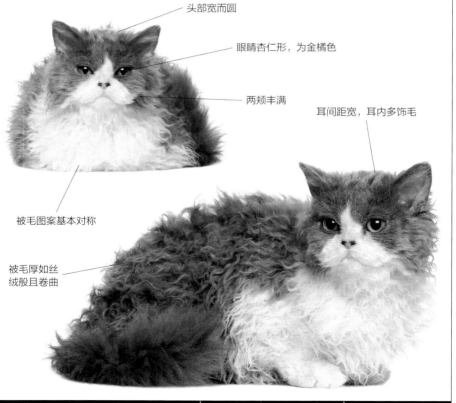

头部宽而圆

眼睛杏仁形，为金橘色

两颊丰满

耳间距宽，耳内多饰毛

被毛图案基本对称

被毛厚如丝绒般且卷曲

| 长毛异种：蓝白色长毛塞尔凯克卷毛猫 | 寿命：13 ~ 18 岁 | 个性：友善 |

曼赤肯猫

　　曼赤肯猫是自然演变出来的侏儒品种猫，四肢肥短，站着也像蹲着一样，走起路来就像在匍匐前进，憨态可掬，十分可爱。学者研究发现，短腿的现象是由于它们显性基因的突变影响了腿的长骨，这样明显的突变自然发生在猫类的基因库里，有这种基因的猫将会显示出短腿的特征。

▎原产国：美国　　　　品种：曼赤肯猫
▎祖先：非纯种本地猫　　起源时间：20 世纪 90 年代

淡紫色猫

　　曼赤肯猫外表可爱迷人，聪明伶俐，性格外向，非常贪玩，目前已经受到了越来越多爱猫人士的追捧。

◑ 主要特征：头部大小中等，略带圆形。脸颊较宽，眼睛为大大的胡桃形，眼尾稍往上吊，幼猫的眼睛更圆一些。被毛颜色为略带粉红色的浅灰色。

◑ 饲养提示：短腿并不会对猫的健康造成不良影响，主人唯一要注意的是，得好好控制它们的体重，不可养得过胖，否则猫容易出现疝气，同时也会增加它们患关节炎的风险。

◑ 附注：虽然四肢肥短，但这完全不影响曼赤肯猫的日常生活。

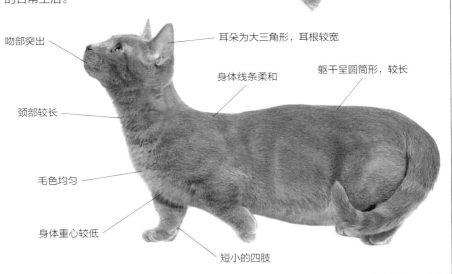

吻部突出

耳朵为大三角形，耳根较宽

身体线条柔和

躯干呈圆筒形，较长

颈部较长

毛色均匀

身体重心较低

短小的四肢

长毛异种：淡紫色曼赤肯长毛猫	寿命：13 ~ 18 岁	个性：活泼、好奇

原产国：美国　　　品种：曼赤肯猫
祖先：非纯种本地猫　起源时间：20 世纪 90 年代

海豹色重点色猫

　　曼赤肯猫是健康快乐的猫种，海豹重点色猫的幼崽有着非常可爱逗趣的外形。

○ **主要特征**：重点色是深海豹褐色，鼻子也是深海豹褐色。耳朵为三角形，如竖耳倾听似的竖立在头部两端。

○ **饲养提示**：曼赤肯猫有着喜鹊一样的习性，它们常常到处搜集一些小小的、闪亮的东西，然后找个地方藏起来以供日后玩乐。它们有很强的好奇心，会探索家里的任何地方。主人要对它们的这些小心思颇加容忍，因为它们只是比较爱玩而已。

○ **附注**：成年猫被毛的颜色比幼猫深。

大三角形耳朵竖立在头顶

尾呈锥形，根部较粗

幼猫的脑袋显得很大

身体重心低

长毛异种：海豹重点色曼赤肯长毛猫	寿命：13 ~ 18 岁	个性：活泼、好奇

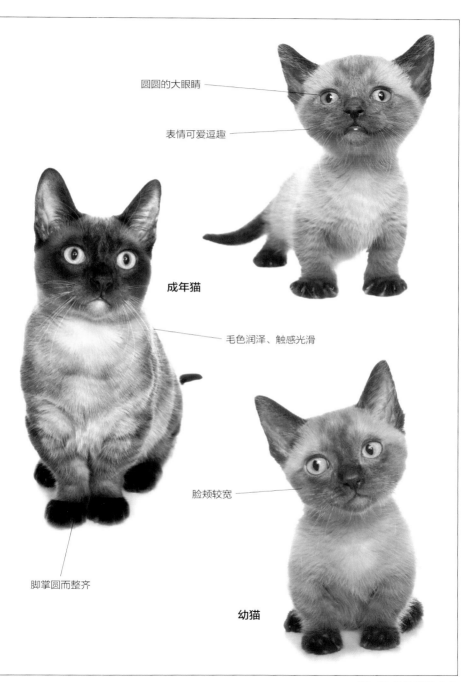

圆圆的大眼睛

表情可爱逗趣

成年猫

毛色润泽、触感光滑

脸颊较宽

脚掌圆而整齐

幼猫

拉波猫

也叫"电烫卷猫",1982年在美国俄勒冈州一个农场里出生。其中一只出生时没有一根毛,当它长出绒毛时,与普通小猫相像,只是耳距稍大。之后,它的被毛逐渐变得卷曲。最初,并没有人意识到这是基因突变引起的。但此后,随着拥有卷曲被毛的小猫数量的增多,人们意识到了它们的特殊,并开始有选择性地配种繁殖。

原产国: 美国	**品种:** 拉波猫		
祖先: 非纯种短毛猫	**起源时间:** 1982 年		

棕色猫

拉波猫是基因突变的产物,它们不仅外表美丽独特,而且感情丰富,很受爱猫者的喜爱。

◉ **主要特征:** 被毛颜色为深棕色,身体下部毛色较浅。被毛卷曲明显,呈波浪状。

◉ **饲养提示:** 如果猫得了猫癣,可给它服用灰黄霉素,每日 2 ~ 3 次分服,服用 3 ~ 4 周。治疗期间每天在猫食中添加4毫升左右植物油。

◉ **附注:** 拉波猫卷毛的基因是显性的,所以可以在合理增加卷毛猫数量的前提下,利用杂交的办法来扩大基因库。

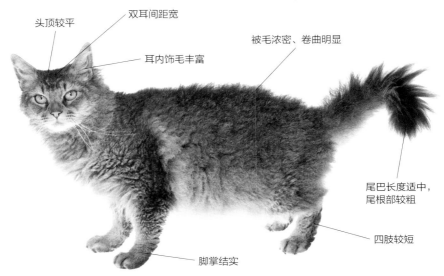

头顶较平

双耳间距宽

耳内饰毛丰富

被毛浓密、卷曲明显

尾巴长度适中,尾根部较粗

四肢较短

脚掌结实

长毛异种: 无	寿命: 12 ~ 15 岁	个性: 活泼、好奇心强

原产国：美国　　品种：拉波猫
祖先：非纯种短毛猫　起源时间：1982 年

乳黄暗灰色虎斑猫

　　拉波猫外形独特，被毛浓密卷曲，毛质手感柔和，现在已经受到了越来越多爱猫者的追捧。

◎ 主要特征：被毛卷曲，呈明显的波浪状，颈部被毛尤为卷曲。前额和四肢有虎斑斑纹。

◎ 饲养提示：拉波猫比较怕冷，特别是幼猫。因此要在家里为它们准备一个温暖的小窝，平时也要做好猫的保暖工作。

◎ 附注：拉波猫机灵顽皮，对人很热情。

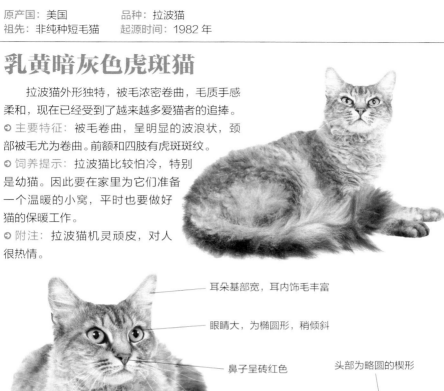

耳朵基部宽，耳内饰毛丰富

眼睛大，为椭圆形，稍倾斜

鼻子呈砖红色

头部为略圆的楔形

颈部毛发卷曲非常明显

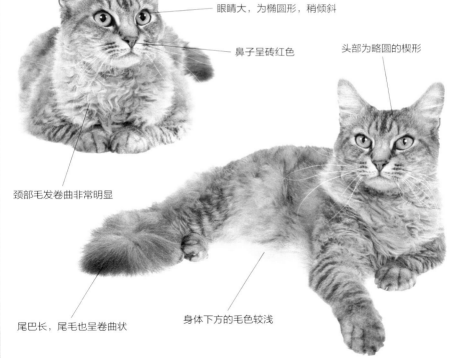

尾巴长，尾毛也呈卷曲状

身体下方的毛色较浅

长毛异种：无	寿命：12～15 岁	个性：活泼、好奇心强

原产国：美国　　　　品种：拉波猫
祖先：非纯种短毛猫　　起源时间：1982 年

玳瑁色白色猫

　　拉波猫是一种好奇心很强的品种，总能保持小猫时的天真淘气，会向主人撒娇，是公认的比较容易饲养的猫。

◎ 主要特征：被毛长度中等，玳瑁色斑纹清晰，厚厚的被毛卷曲呈波浪状。被毛的外观和触感颇像小羊的毛。

◎ 饲养提示：拉波猫卷曲的被毛比较容易"藏污纳垢"，所以主人要经常为其梳理毛发并定期为其洗澡，一般来说冬季每个月洗 1 次，夏季每个月洗 2 次。

◎ 附注：拉波猫的眉毛和胡须也是卷曲的。

被毛卷曲浓密，呈波浪状

眉毛和胡须卷曲

眼睛大，为椭圆形

鼻子呈粉红色

脸部有面斑

尾巴呈锥形，根部较粗

下巴结实

颈部被毛卷曲明显

长毛异种：无	寿命：12 ~ 15 岁	个性：活泼、好奇心强

附录 名词解释

CFA

CFA（The Cat Fanciers' Association）是世界爱猫联合会的简称，这是一个成立于 1906 年的国际性组织；是世界上最大的猫迷团体，以推广血统猫的发展和保障全体家猫的福利为目标。

纯种猫

父母是同一种猫，没有与其他种类的猫混杂交配过，经过多代有计划的配种培育而成的猫。

杂交

用不同品种交配来培育后代的过程。

鸳鸯眼

也称怪眼，通常出现在白猫身上，指两只眼睛的颜色不同。

白化猫

没有任何颜色的猫，看上去是纯白色，眼睛为浅粉红色，且视力很不好。

耳内饰毛

耳朵里面或耳朵内侧长的毛。

吻部

由猫的鼻子和嘴巴构成。

连指手套

布偶猫前脚上的白毛。

毛尖色

毛发末端的颜色。

外来猫

外形苗条、骨骼精细的猫。

混种猫

在台湾被称之为米克斯猫，是各种不同品系杂交后的后代，种类有很多的变化。

凯米尔色

尖端为乳黄色或红色的毛。

条纹

虎斑猫的条状纹，但在单色猫身上出现则被视为缺陷。

虎斑猫

拥有条纹、点状或旋涡状斑纹的猫，通常额头上有"M"形标记。

楔形头

形容暹罗猫及类似品种猫的头型。

隐性基因

遗传时有时不显现的基因。

颈圈

颈部周围的深色斑纹，有时会不完整。

梵猫

全身颜色为白色，只有尾巴和头部有颜色的猫。

断痕

也叫鼻凹陷，是鼻子外形上的一种变化。

乳色

一种比较暗淡的颜色，类似于卡其色。

白镴

有橘红色或紫铜色眼睛的暗银色猫。

发情期
母猫的繁殖期。

喷洒尿液
未阉割过的公猫以尿液圈出自己领域的习性。

鱼骨状斑纹
虎斑猫身上的一种像鱼骨架的特别图案。

猫屋
培养和饲养猫的地方，通常前面会加上猫的品种名称。

眼线
接近眼睛的深色条纹。

玳瑁猫
身上有黑色与或深或浅的红色区的猫。

海豹色
深褐色，通常用来形容暹罗猫的色点。

血统
具有遗传或品种关系的猫。

育种母猫
未做过绝育手术、用来繁殖的母猫。

扭尾
是指尾巴上的一种缺陷，常见于东方猫和暹罗猫身上。

杂色
由两种或多种颜色组成的被毛。

咬合
指猫的双颚能紧密贴合。

花斑猫
美国人对玳瑁白色猫的称呼。

染色体
细胞核内成对的线状结构，带有遗传基因。

毛领圈
颈部四周较长的毛。

羽状
尾尖毛发蓬松，像羽毛一样散开，一般用于指长毛猫。

科
在分类学上介于目与属之间。

芒毛
较粗糙的次级毛，毛尖较粗。

金吉拉
指体毛毛尖上的颜色，毛尖以外的部分是浅色或白色。

蹼足
脚趾趾间有较完整的蹼相连，是彼得秃猫的一大特点。

品种
有着特定类似的外貌和血缘关系的猫。

掌垫
脚底没有毛的地方。

异种交配
两个不同品种的猫进行的交配。

认可
被猫协会所接受为一个新品种。

环纹
虎斑猫或斑点猫身上出现的完整或不完整的圆圈状斑纹，一般在颈部、四肢和尾巴上。

突变
基因的变化，会引起小猫外貌上的意外变化，使其与父母有所不同。

杂色毛
被毛中出现的零星颜色不符的毛。

内层毛
短而柔软的次级毛。

种猫
用来繁殖的公猫。

铁锈色
黑猫被毛上的红棕色。

窝仔
母猫一次所生的小猫。

后膝关节
猫后腿上的膝关节。

评分标准
猫展中评判猫的记分标准。

黑色素
是猫皮肤或者毛发中存在的一种黑色的色素。

淡斑纹
常见于幼猫身上的少许淡虎斑。

淡紫色
稍带粉红色的浅灰色。

东方猫
骨骼小巧、身形苗条、外观具有东方韵味的猫。

面色
重点色猫脸上的深色系。

顶层被毛
由护毛构成的毛发。

颈垂肉
颊皱，常见于成熟、未阉割的公猫。

暖色调
橘红、黄色以及红色一类总是和温暖、热烈等相联系的色系。

腕垫
前爪腕上的肉垫。

三眼皮
土耳其安哥拉猫的独特特征，张开眼睛时，第三眼皮会稍微遮盖住眼睛。

吊梢眼
猫的眼睛末端稍微倾斜向耳朵。

脱毛
被毛的脱落，与季节有关。

显性基因
基因学术语，描述双亲中一方遗传后代的特征。

鞭形尾
长而细的锥形尾巴。

绒毛
是毛皮、毛被中最细短、柔软，数量最多的毛。

外形
猫的大小和形状。

重点色
猫身上颜色较深的部分，如头、耳、脚掌、尾巴和腿。

异种杂交
没有血缘关系或不同品种之间的交配。

归野猫
恢复野生生活的家猫。

竖立的
形容猫耳朵竖直。

近亲繁殖
猫在近亲之间进行的繁殖行为，一般交配双方在 3 代内有共同祖先。

遗传
猫亲代与子代之间、子代个体之间相似的现象，在遗传学上指遗传基因从上代传给后代的现象。

双层被毛
短而柔软的底层被毛上有粗而长的顶层被毛。

银灰色
浅灰略带银色光泽的颜色。

条纹毛色
毛上有颜色的条纹。

先天性的
非遗传、出生便具有的特点。

山猫重点色猫
美国对虎斑重点色猫的称呼。

外层被毛
较长的护毛。

铅笔线
铅笔痕状的深色细线，常见于虎斑猫中。

紫貂色猫
美国对棕色缅甸猫的称呼。

土猫
各国本土的、品种繁杂的猫。

脊柱裂
一种脊柱疾病。

丑猫
美国对梵猫的称呼。

香槟色猫
美国对淡紫色东奇尼猫和褐色缅甸猫的称呼。

喜马拉雅图纹
身体末端颜色较深的色系，会随体温变化。

缅因猫